免疫學夜話

遺伝子が語る免疫学夜話

身體為什麼會自我攻擊?從基因、環境和演化，漫談人類免疫學與自體免疫疾病能教會我們的事

自己を攻撃する体はなぜ生まれたか?

橋本 求——著

莊雅琇——譯

目次

序章　從「免疫學」學到的事

我們是否能戰勝全球大流行疾病？

一般認為，我們已戰勝了始於二〇一九年的新冠肺炎全球大流行。然而，病毒會變異，我們不可否認未來可能會出現更致命的病毒。此外，源自發展中的亞洲、非洲、中南美洲叢林的病毒，有可能會以野生動物為媒介，使人類感染未曾經歷過的傳染病，並且透過四通八達的交通網絡轉瞬傳播至世界各地。

不僅如此，不同性質的疾病，也有可能為人類帶來更嚴重的危機。這與「自體免疫」系統有關。

請想像以下的未來情境。

西元二〇八四年的全球大流行

繼二〇一九年新冠肺炎疫情之後，人類第三次遭受全球大流行。第一次與第二次全球大流行因反應即時而成功遏止，但是二〇八四年的第三次全球大流行十分嚴重，甚至因此損失了三成人口。起因是中東富豪飼養的蜥蜴將致命的腦炎病毒傳染給人類。這種傳染病蔓延得如此迅速，除了跨越物種屏障的病毒傳染力極強之外，再加上初期症狀僅是輕微的性格改變（變得愛笑），以至很難在初期階段篩檢出感染者並加以隔離。不過，隨著疫苗問世，延燒兩年的全球大流行終於趨緩。

然而，十年過去，人類又經歷了一場怪異的傳染病。這種病的病程緩慢，症狀與先前提到的腦炎極為相似，都會使人性格大變。起初懷疑是上一波病毒感染所引起的遲發性腦炎，例如麻疹，感染後會引起急性腦炎，也可能導致遲發性的進行性腦炎。不過，由於患者的腦部並未檢測到病毒的DNA，因此排除了這種可能。下一個疑點便是這種病毒疫苗的副作用，原因是當初為了遏止全球大流行，各國均將強制接種緊急研發的疫苗列為法定義務。這起事件引發人們對疫苗的批准過程以及責任歸屬議論紛紛，最終則是由製藥公司的關鍵調查證明疫苗並不是罪魁禍首。經過此事，世界衛生組織（WHO）宣稱該疾病是由「自體免疫」所引起的腦炎。

以上是純屬虛構的未來情境。然而，從「免疫學」的角度來看，並不表示這件事永遠不會發生。

傳染病消失，自體免疫疾病出現

喬治・歐威爾（George Orwell）在其著作《一九八四》中設定了一個虛構的世界，並且預言人人互相監控的社會即將到來，為當時看似日趨如此的社會敲響警鐘。幸運的是歐威爾所預言的社會並沒有在一九八四年時成真。然而，過了近四十年後，嚴密監控資訊的獨裁國家侵略鄰國，超級大國的人民因鋪天蓋地的假新聞陷入分裂對立，ChatGPT這類生成式ＡＩ試圖建構更穩固的虛構世界。從上述看來，如今在現實生活中發生的一切，簡直與歐威爾在《一九八四》所預言的如出一轍。

醫學領域在這一百年間同樣有著天翻地覆的改變。不僅醫療技術進步，醫師診治的疾病種類也有了變化。

我本身是專治自體免疫疾病的醫師，所謂自體免疫疾病，指的是人體免疫系統攻擊自己的身體所造成的疾病。話說回來，我爺爺也是醫師，二戰前在中國東北的滿州國負責內科診療。爺爺常對我說起當年鼠疫、結核病及阿米巴性痢疾等各類傳染病肆虐的情景，並且分享他看過的各種疾病樣貌，例如「有個狂犬病患者想喝水，卻因為手抖個不停而喝不了（稱為恐水症狀）」、「肺結核患者吐出來的痰紅得像軟爛的醃梅子」，還有「天花患者的腳像脫襪子一樣脫下一層皮」等等。這些見聞全都如此嚇人，我卻聽得津津有味，所以我總是坐在爺爺膝上，央求他「多講一點、多講一點」。對於年幼的我來說，爺爺看起來就像對抗邪惡傳染病的超級英雄。

長大之後，我也成了內科醫師，開始診治各種疾病。但是我從來沒遇過爺爺所說的鼠疫或阿米巴性痢疾患者。反倒是接觸了自體免疫疾病，對它的精微奧妙產生濃厚興趣，於是決定專攻這一領域。

儘管我是醫師，若是遇到肺結核患者前來求診，我恐怕也無法診治，畢竟我只從教科書上得知這種疾病，卻沒有實際診治過。反過來說，爺爺對於我現在診治的免疫系統疑難雜症應該也是無能為力，因為這類疾病在爺爺所處的時代十分罕見。

換句話說，在這不到一百年間裡，發生在我們身邊的疾病就有了巨變。

長此以往，世界究竟會變成什麼樣子？由於現代醫學建構了嚴密的包圍網，傳染病因此消聲匿跡，除非傳染力極其強悍，才有可能突破重圍蔓延至全世界。現代醫學也致力於防範自體免疫疾病，然而，一旦出現無法控制的疾病，情況又會如何？

首先，我們應該想想，為什麼傳染病消失之後，又出現了自體免疫疾病？也許我們需要停下腳步好好思考，未來將會面對什麼。

免疫系統失控時

「免疫」一詞如字面所言，指的是「免除疫病」，也就是「讓人體獲得抵抗力的一種機制，以防再次感染已感染過的傳染病」。

各位應該有所聽聞，得過痲疹或德國痲疹就不會再次感染。疫苗便是應用這項原理，讓人體先感染減毒後的感染性微生物，等到真的感染毒性強大的微生物，體內就能迅速產生抵抗力。

然而，攻擊人體自身組織器官的有可能是免疫系統本身，而不是病原體。這項防衛機制稱為「自體免疫」，由此引發的疾病則稱為「自體免疫疾病」。其中的結締組織疾病[1]即是全身性的自體免疫疾病，包括全身性紅斑狼瘡、類風濕性關節炎等。另一方面，會侵犯特定器官稱為器官特異性自體免疫疾病，包括第一型糖尿病[2]、甲狀腺機能亢進、克隆氏症（Crohn's disease）等。此外，當免疫系統的攻擊對象是微量的環境物質而不是病原體，就會造成過敏，例如花粉症、異位性皮膚炎等疾病。上述疾病皆是由免疫系統失控所引起的。

當「自體免疫」發動攻擊時，一旦感染性微生物消失，戰鬥也隨之結束。但最大的問題在於免疫系統將「自身」視為攻擊對象，直到摧毀「自身」的器官才肯罷手，人體的重要器官因此失去功能。例如第一

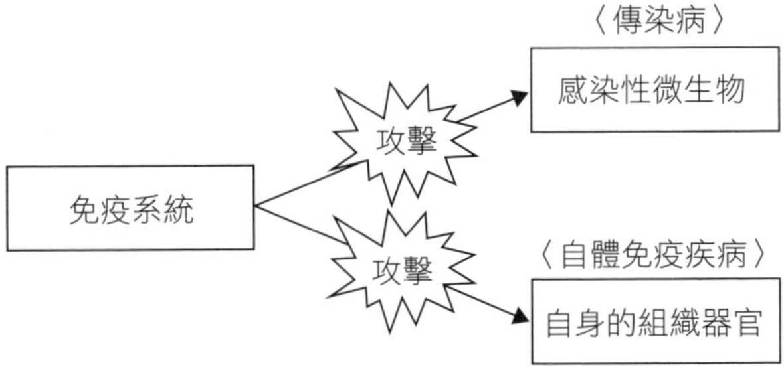

圖1／免疫反應是雙面刃

型糖尿病，便是胰臟遭到自體免疫攻擊與破壞，導致其無法正常分泌胰島素而造成糖尿病。所以罹患第一型糖尿病的人必須終生注射胰島素。至於類風濕性關節炎，則是關節成為免疫系統的主要攻擊目標而遭到破壞，使得患者的身體功能嚴重受損。

有鑑於此，免疫學者們最初認為自體免疫不可能對自己的身體造成不可抹滅的傷害。早期的著名免疫學者保羅・埃爾利希（Paul Ehrlich）[3]對此提出了「恐怖的自體毒性」（horror autotoxicus）概念。認為免疫系統在「演化」的過程中，不可能選擇自我攻擊如此深具破壞力的行為，並且相信人體具有阻止自體免疫失控的保護機制。

然而，現實中確實存在自體免疫與過敏等疾病，為什麼會如此呢？

現代醫學揭開自體免疫之謎

近年來由於醫學進步，逐步揭開了自體免疫的謎團。拜基因分析技術與生物資訊學（bioinformatics）發展所賜，我們得以從冰封在西伯利亞永凍層裡的古人類遺骸中提取基因，並且重現每一個免疫細胞的功能，彷彿那些古老的細胞仍然活著。

結果顯示，自體免疫疾病與過敏乃是「業障病」，與人類數萬年來戰勝各種流行病（epidemic，在某一地區爆發的疾病疫情）並生存至今有著密不可分的關係。在缺乏抗生素及疫苗的情況下與流行病生死搏鬥的古代人類、如我們這般與新冠病毒共存的現代人類，以及本文開頭提到的未來人類，全都被肉眼看不見的基因線索連繫在一起。當這些線索相互交纏，就會出現免疫系統失控所引起的疾病。

為什麼會生病？

本書以夜話（晚間閒聊）的形式，向大家介紹為什麼會出現「自我攻擊的疾病」。不過，我會盡量根據現代醫學的最新實證來述說。在此容我簡單解釋本書的基礎，也就是基因與生物資訊學的概念。

我們每個人的基因都不太一樣，人類的基因僅由A（腺嘌呤，Adenine）、T（胸腺嘧啶，Thymine）、G（鳥嘌呤，Guanine）、C（胞嘧啶，Cytosine）這四種鹼基排列組合而成，但是一個人擁有三十億個鹼基序列，並因此形成個體之間的差異。生物資訊學便是運用機率論與統計學等數學科學的方法，透過電腦比較分析天文數字般的基因序列關係。

由於這些學術領域的長足進展，使我們得以辨識與某種疾病有關的基因突變，進而發現某座村莊在某個年代的基因突變者人數暴增等情況。因此，我們可以從歷史與文化（例如流行病爆發、與其他民族雜交、特有的飲食習慣等）的觀點著手，揭露造成基因突變事件的原因，進一步探索病因的相關敘事。

即便是如今已成了化石的古生物及感染性微生物，也都有導致疾病爆發的歷史，而遺傳學與生物資訊學即可幫助我們釐清前因後果。

史蒂夫．賈伯斯（Steve Jobs）曾說：「科技與博雅教育交會，才能創造最大價值。」如今「免疫學」正是站在這樣的十字路口。

本書的宗旨在於運用最前沿的學術知識，徹底釐清為什麼會出現自體免疫與過敏等疾病。閱讀現代醫學書籍，能知道疾病是如何發生的，因為書裡寫得十分詳盡；但是解釋為何會發生這些疾病的書籍卻少之又少。

本書的第一部分將為各位介紹「天擇」（Natural Selection）的概念，探討為何會出現與自體免疫有關的基因。第二部分則是介紹「衛生假說」[4]的概念，探討環境如何觸發疾病。第三部分將回溯根源，從生物「演化」的觀點探討自體免疫與過敏的起源。事實上，本書所介紹的都是較新穎的理論學說，並不是醫學教科書既有的知識。不過，這些嶄新的理論學說，應該能為找出自體免疫疾病與過敏的罹病原因提供重要線索。

我想透過本書，帶領大家踏上一趟「免疫學」的時空之旅。首先為各位介紹兩則故事，主角是受到自體免疫疾病影響而命途迥異的兩名少女。

註釋

1 結締組織疾病是全身性自體免疫疾病的總稱，會導致結締組織（關節、肌腱等支撐身體的組織）發炎，包括類風濕性關節炎、全身性紅斑狼瘡、多發性肌炎／皮肌炎、硬皮症等。由於主要症狀為關節疼痛與肌肉痛，也稱為風濕病（rheumatic disease）。

2 第一型糖尿病是自體免疫疾病的一種，與飲食、運動等生活習慣所造成的一般糖尿病（第二型糖尿病）不同。第一型糖尿病屬於自體免疫疾病的證據，即是在患者的血清中偵測到胰島素抗體以及胰島細胞的自體免疫抗體。

3 譯註：德國細菌學家、免疫學家。較為著名的研究包括血液學、免疫學與化學治療。一九〇八年諾貝爾生理學或醫學獎得主。

4 譯註：hygiene hypothesis，一種醫學假說，指童年時若是缺少接觸傳染源、共生微生物與寄生蟲，將會抑制免疫系統的正常發展，導致罹患過敏性疾病的可能性大增

第 1 部

免疫與基因

── 跨越時空的疾病 ──

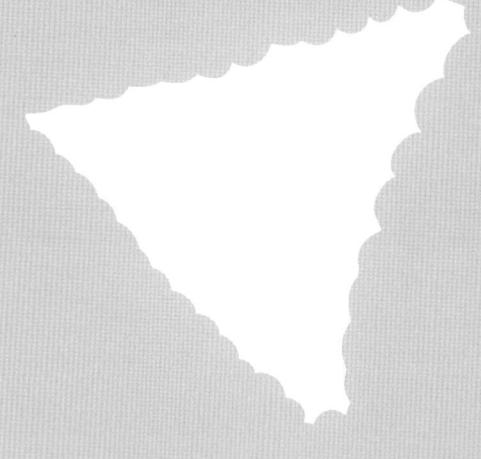

現代病房裡的女病患與西元前三萬年的南亞少女

西元二〇二一年的病房

西元二〇二一年，日本某大學附設醫院的病房裡，有一位膚色白皙、飽受病痛折磨的二十多歲女病患。她已經持續發燒三十九度一個星期，臉頰出現蝴蝶狀紅斑，手指也有類似凍傷的紅斑，並且雙腿腫脹，出現點狀出血。最令她擔憂的是醫師的診斷——這種病有可能使她不孕，就算懷孕也有可能流產。

她從那時起，發覺病房的角落裡有一道影子。那道身影後來變得愈來愈清晰，昨天甚至看得出來，病房角落的那道身影，是一名頂著烈日、神情絕望的少女。身旁應該是她的母親和父親，看起來已了無生氣。可是，她無法對護理師說這件事，說了也不被當一回事。她便在不明就裡的情況下，開始了點滴治療。

西元前三萬年的南亞少女

西元前三萬年，有一名少女已在南亞的亞熱帶森林裡跋涉了很久很久。她從小時候——應該是有記憶以來——就與家人們踏上旅程。他們一路跋涉，只為尋找宜居之地。

然而，當他們抵達森林，這一部族（集體遷徙的群體）卻面臨悲慘的命運。首先是少女的哥哥死亡，他持續發高燒，眼白變黃，全身浮腫，最後意識不清，回天乏術。她的母親、父親也相繼離世。少女很清楚，下一個死掉的就是自己，她已做好了心理準備。但神奇的是，唯獨少女染了病卻倖存活下來。當她發高燒，並準備好面對死亡，卻在三天後退燒，也恢復了食欲。這一部族共有五個家庭一同踏上旅程，其他家庭裡也有人在疾病中存活。整個部族的人口少了一半，倖存的成員仍堅持繼續旅程，他們朝著東方一路前行。

第1章　沒有病原體的疾病

連結兩個世界的關鍵——基因

本書介紹的兩則故事，乍看是兩個不同的世界，卻跨越時空連結在一起。而連結這兩個世界的關鍵，就是「基因」。

基因是透過僅由A、T、G、C四個字母（鹼基對）組成的DNA密碼，將生物適應身處環境所需的資訊傳遞給下一代。如今生活在現代的我們，體內也許仍流淌著與數億年前的祖先同樣的基因。

現代病房裡的女病患與西元前三萬年的南亞少女，兩人體內的相同基因都在危急時刻覺醒，並且用盡所有力氣生存下去。因為相同的基因，跨越時空產生共鳴。

全身性紅斑狼瘡

二〇二一年在大學附設醫院的女病患，罹患的病名是全身性紅斑狼瘡（ＳＬＥ）。顧名思義，這種病會損害全身各個器官，是自體免疫疾病中，最嚴重的全身性自體免疫疾病之一。

出現在她臉頰上的蝶形紅斑，是ＳＬＥ典型的皮疹。手指類似凍傷的紅斑，也是這種疾病的特徵。對陽光敏感的情形，大多出現在膚色白皙的年輕女性身上。至於腿部腫脹，則是腎病症候群（nephrotic syndrome），由於蛋白質經尿液大量流失，以至血中缺乏足夠蛋白質留住水分所造成。下肢有點狀出血，即表示止血所需的血小板遭到自體免疫攻擊而數量減少。

這種疾病的棘手之處在於以年輕的適婚年齡女性居多。伴隨ＳＬＥ出現的抗磷脂抗體（antiphospholipid）[1]會造成胎盤血管栓塞，導致母體在懷孕後期流產。為了讓患者順利生產，有時必須視情況以抗凝血藥物治療。SLE若是惡化成重症，也會引起腦病變，導致患者出現各種幻覺並留下嚴重後遺症。

原因出在自我攻擊

SLE這種疾病，最早可追溯至十三世紀左右的醫學文獻。但是直至十九世紀中葉，一般都把這種病當作皮膚病。病名由來則是因為患者的臉頰會出現蝶狀紅斑，以及像被「Lupus」（拉丁文中的

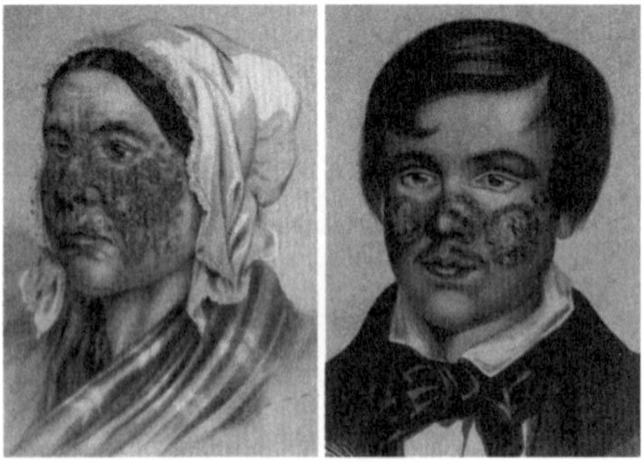

臉頰出現蝶形紅斑
是SLE的皮膚症狀特徵之一
Atlas der Hautkrankheiten. 1856

圖2／全身性紅斑狼瘡（SLE）

「狼」）咬過般的皮疹。

但是後來的案例報告顯示，具有這種皮膚病徵的患者中，常伴隨關節炎及肋膜炎（pleurisy）等情況，有時甚至會昏迷。換句話說，這些皮疹是罹患危及性命的全身性疾病的警訊。從此以後，人們明白這種疾病是以危害年輕女性居多的全身性疾病，並命名為全身性紅斑狼瘡。

對於該疾病的病因也有各種研究調查。當時已陸續發現了傳染病的致病菌，因此人們懷疑SLE的病因與結核病、痲瘋病、梅毒等疾病的病原體有關。然而，這些研究都沒有確切的證據，證明SLE的病因是由某種微生物所引起。

經過一段時間後，人們發現SLE患者體內出現奇特的病徵。正常情況下，若是能在感染者體內觀察到吞噬病原微生物的白血球，並檢測到對抗病原微生物的抗體（像飛彈一樣攻擊病原體的蛋白質），即證明免疫系統開始發揮功能避免身體遭受微生物感染。但是SLE患者的血液中，不僅存在吞噬自身細胞的白血球，甚至還有抗核抗體（ANA），也就是直接攻擊自身細胞核的自體抗體。換句話說，SLE患者的免疫系統並非攻擊入侵的微生物，而是「自己」。根據這些研究，確定SLE就是免疫系統攻擊自己的身體所引起的自體免疫疾病。

如今已能證實，體內一旦具有「自體抗體」這種會攻擊自身的抗體，便是罹患了自體免疫疾病。像SLE這種對身體各個器官造成損害的全身性自體免疫疾病，所有器官組織都存在會攻擊細胞成分（細胞核）的抗核抗體。另一方面，侵犯特定器官的器官特異性自體免疫疾病，例如第一型糖尿病與甲狀腺機能亢進，患者的血液中即存在針對胰臟及甲狀腺等特定器官的自體抗體。因此，成為自體抗體攻擊目標的器官會受損而導致功能衰退。

艱難的長期抗戰

SLE這種自體免疫疾病，會突然侵襲天生健康的人。但是這種疾病的初期症狀通常是發燒、倦怠等，所以在這個階段很難與普通感冒區分開來。仔細問診的話，會發現每種自體免疫疾病都有其獨特的症狀，卻很少有人意識到這一點。舉例來說，

SLE患者會有指甲周圍發紅、關節腫脹等症狀；自體免疫所引起的第一型糖尿病則是由於糖分及水分不斷隨尿液流失，而出現口渴且喝多、尿多的症狀。然而，除非是專科醫師，否則很容易忽略這些病徵，以至延遲診斷。因此，患者唯有經專科醫師診斷確認後，才發覺當初的症狀就是自體免疫疾病的初期症狀。

此外，經由診斷確認之後，還得面臨艱難的長期抗戰。被診斷出罹患自體免疫疾病的患者，首先會從醫師口中聽到：「以現代醫學來說，目前還沒有任何療法能夠根治自體免疫疾病。」當然，隨著醫學進步，如今的治療成果與過去相比已有顯著改善。在某些情況下，也能像類風濕性關節炎那樣達到「緩解」（讓疾病的症狀消失）的效果。不過，這僅是「緩解」，而不是「治癒」。換句話說，為了讓病情維持穩定，大多需要終生接受某種治療。

再者，治療自體免疫疾病通常會伴隨副作用。由於自體免疫疾病是免疫系統過度活躍所引起的疾病，進行抑制治療時必定會造成免疫力下降。因此，對一般人來說的小病，例如流行性感冒或皮膚組織細菌感染，對於接受自體免疫疾病治療的患者而言，卻是相當棘手。因感染惡化導致病情嚴重，必須住院治療的情形並不少見。

在現代與日俱增的自體免疫疾病

即便在今日醫學發達的時代，自體免疫疾病也被認為是最難以診斷與治療的頑疾。但是這種難治的疾病，在進入本世紀後開始暴增。目前已知的自體免疫疾病種類超過八百種，不僅如此，據稱已開發國家約有百分之五（每二十人中有一人）的人口罹患自體免疫疾病。

「免疫系統自我攻擊」這種充滿矛盾的疾病，為什麼會在現代暴增呢？是否與人類的生活方式在這數百年來大幅改變有關？

瘧疾——最古老的疾病

西元前三萬年在南亞亞熱帶森林裡跋涉的少女，罹患的是瘧疾。瘧疾是人類史上最古老的傳染病，直至現代，每年仍有約兩億人染病，且約六十萬人不治，可說是現在進行式的疾病。

瘧疾是由帶有寄生蟲「瘧原蟲」的瘧蚊叮咬所引起的疾病。

根據近年來的研究發現，瘧原蟲曾是一種具有葉綠體且可進行光合作用的「前」藻類。因此，我們可以在瘧原蟲體內觀察到失去光合作用能力的葉綠體殘留器官「頂複胞器」（apicoplast）。

瘧原蟲的祖先在還是藻類時能進行光合作用，並在水中獨立生活。但其中有些會親近產在水中的蚊子幼蟲（孑孓），並隨羽化成蟲的蚊子一起飛到空中。當蚊子吸血時，這些藻類正好經蚊子的唾液進入動物的血液，在此發現一片前所未有、營養豐富的新天地，從此展開生物生命周期（Biological life cycle）。[2]紅血球內含有瘧原蟲生存所需的所有分子，例如鐵與氮。因此，這些藻類不再自力更生，而是像強盜集團一樣在紅血球裡繁衍、破壞，接著再轉移至下一個目標。換句話說，瘧原蟲就是放棄了身為植物的康莊大道、自甘墮落走上歪路的藻類。

瘧原蟲進入動物體內後，經過一至四星期便在肝臟裡發育為成熟裂殖體，當裂殖體分裂釋出數千個裂殖子（merozoite），就會破壞肝細胞侵入紅血球，最終擴散至全身各個器官。

以瘧疾來說，瘧原蟲會配合生殖周期在紅血球裡繁殖並破壞之，再擴散至下一個紅血球，導致患者出現間歇性的發燒病徵。三日瘧會間隔四十八小時發作一次，四日瘧則是間隔七十二小時反覆退燒又發燒。那名南亞少女罹患的是持續高燒不退、病情最嚴重的熱帶瘧。[3]熱帶瘧是死亡率最高的一種瘧疾，常會併發腦炎，如果沒有及早給予適當治療，每兩個人當中就有一人死亡。

感染瘧疾的患者，常見症狀為發燒並伴有畏寒、肌肉痛、嘔吐以及特有的顫抖等情況。也有的患者除了發燒以外，同時有「噁心」感。此

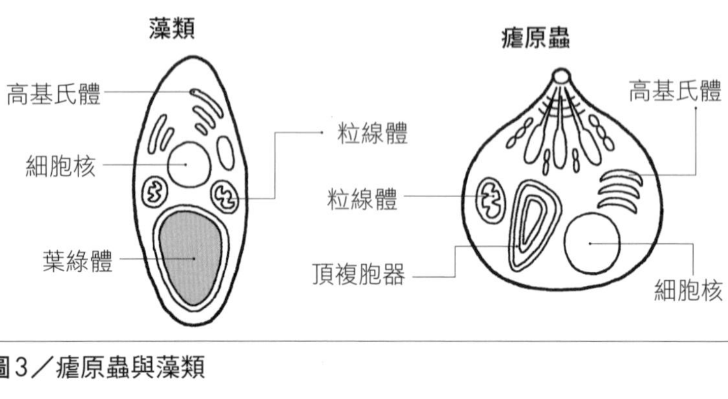

圖3／瘧原蟲與藻類

外，瘧原蟲一旦侵入器官，就會損害各個器官。首先會破壞紅血球造成溶血，少女家人的眼白會變黃，就是溶血所造成的黃疸。身體浮腫，代表腎臟受損，致使腎衰竭而無法排尿。再者，瘧原蟲一旦侵入腦部，就會引起腦炎。若是併發腦性瘧疾，就會出現各種幻覺、誘發痙攣並危及性命。

感染人類的瘧疾來自類人猿

在人類史上登場的各種傳染病中，瘧疾已被證明是最古老的一種。瘧疾約於二十萬至十五萬年前現跡，與智人（*Homo sapiens*）出現的時期大約一致。因此，智人誕生的同時，瘧原蟲就經由類人猿傳播給人類。

為了探討感染人類的熱帶瘧起源，研究人員分析了棲息在撒哈拉以南非洲的野生黑猩猩、倭黑猩猩、大猩猩糞便裡的瘧原蟲基因，並依此建構瘧原蟲的親緣關係樹。結果發現黑猩猩與大猩猩的瘧疾感染率相當高，並且是瘧原蟲的自然宿主（微生物能夠長期感染的生物）。此外，比較類人猿的瘧疾基因與感染人類的熱帶瘧基因時，發現一百零五種感染人類的熱帶瘧基因序列與九百八十種類人猿的基因序列對比，僅與大猩猩的瘧原蟲基因序列具有高度同源性（基因序列幾乎一樣）。由此可知，讓我們飽受困擾的熱帶瘧，即是來自一隻成功經由大猩猩傳播給人類的瘧原蟲。[4]

人類的擴散與瘧疾

經由類人猿傳播給人類的瘧原蟲，隨著人類的擴散蔓延至世界各地。

從遺傳學的角度來看，據說十萬至五萬年前數百名離開非洲森林、並散布到世界各地的一群人，成為了現代智人的起源。其中一群人北上抵達阿拉伯半島，接著向西遷徙，成為歐洲人的祖先。另有一群人從阿拉伯半島向東遷徙，在距今五萬至三萬年前抵達南亞，並在三萬至兩萬年前抵達東亞，成為亞洲人的祖先。還有一群人穿越當時仍與陸地相連的白令海，抵達南美洲與北美洲，成為美洲原住民的祖先。也有一群人漂洋過海，成為澳洲原住民的祖先。於是，當初離開非洲的區區數百人，如今已突破八十億，地球對人類而言已是太過擁擠。

因此，整個遷徙過程中，瘧疾始終伴隨著人類。除了被冰原、高山及大海隔絕的格陵蘭島、喜馬拉雅山區、玻里尼西亞等地之外，世界各地有人類蹤跡之處，皆留下了感染瘧疾的紀錄。

古埃及的浮雕上，刻有西元前一世紀的埃及女王克麗奧佩脫拉（Cleopatra）飽受瘧疾所苦的紀錄。古中國商朝遺留的青銅銘文上，也發現了代表瘧疾的「瘧」（間歇熱：據認為是流行於亞洲的三日瘧）字。此外，日本的《平家物語》也記載道：

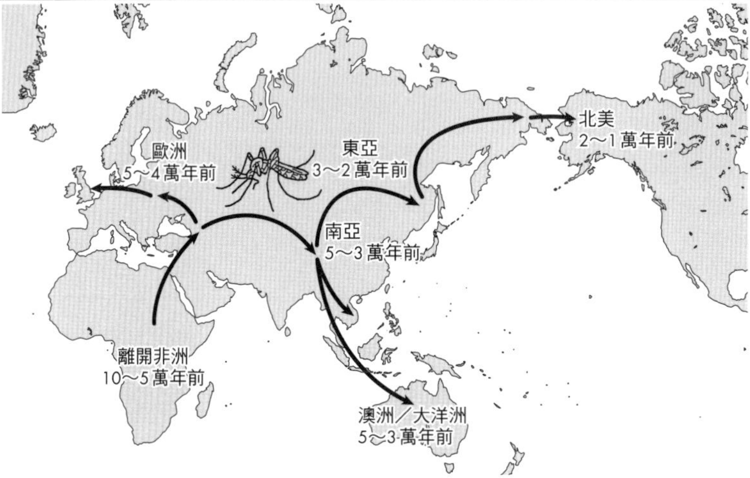

瘧疾隨現代智人的遷徙而蔓延至世界各地。

圖4／人類的擴散與瘧疾

「入道相國，身內發燒，如同火爐。自比叡山汲來神水，倒滿石鑿浴槽，將病人浸泡其中，嘗試加以冷卻。」由此推測平清盛死前罹患的熱病或許是瘧疾。

換句話說，瘧疾這種傳染病，自人類誕生的那一刻起便如影隨形，跟著人類一起走過歷史長河。

SLE與瘧疾「神奇」的相似之處

自體免疫疾病SLE與傳染病瘧疾，兩者的臨床症狀實際上非常相似，都會伴隨高燒、全身倦怠、肌肉與關節疼痛。還有紅血球遭到破壞所造成的溶血、腎功能衰退所導致的腎衰竭，兩者也會造成腦部功能受損。

這兩種疾病的病理（免疫反應）如此相似，即證明對瘧疾有效的藥物對SLE也有效。

最初用於治療SLE的藥物，便是抗瘧疾藥物奎寧（quinine）。南美的原住民發現「被蚊子叮咬而發高燒」的患者，喝下金雞納樹（Cinchona）樹皮熬煮的汁液可以減輕症狀。因此，當初哥倫布等一眾歐洲殖民者感染瘧疾，「服用當地人的藥物才活下來」，後來人們便萃取其中的有效成分，研發出治療瘧疾的藥物「奎寧」。

奎寧在大航海時代之後，成了印度與印尼等亞洲地區殖民地派駐人員預防瘧疾的處方藥。不過，由於奎寧具有獨特苦味，派駐人員便加入糖、碳酸水，及當時相當普遍的藥用琴酒混合飲用，這就是琴通寧（Gin & Tonic）的由來。

抗瘧疾藥物奎寧用於治療SLE，始於兩次世界大戰。當時會開立奎寧讓

南美原住民將金雞納樹的樹皮可用來治病的知識，
傳授給感染瘧疾的歐洲殖民者。
The inhabitants of Peru helping the Jesuits suffering of malaria with Cinchona. 1888

圖5／發現奎寧

出征南方的士兵預防瘧疾，卻意外治好了某些士兵原本的關節炎或皮膚病等疾病。調查其中原因，才知道奎寧也能有效治療SLE等疾病所引起的關節炎與皮膚炎。

後來便參考奎寧的藥物結構，化學合成抗瘧疾藥物氯化奎寧（chloroquine），用於治療瘧疾與SLE。此外，略微改變氯化奎寧結構製成的羥氯奎寧（hydroxychloroquine），早已被歐美列為SLE的標準治療藥物，日本也於二〇一五年核准使用該藥物。

SLE是瘧疾的詛咒？

SLE與瘧疾呈現的病理十分相似，但是造成病理的原因截然不同。瘧疾引起的病理現象，是由於感染瘧原蟲所致。然而，SLE是自體免疫疾病，再怎麼尋找，也不會在體內發現致病的病原體。

舉例來說，瘧疾與SLE都會造成溶血，但是瘧疾患者的紅血球裡充滿了瘧原蟲；SLE患者的紅血球裡，則找不到任何病原體。可是，這兩種疾病都會破壞紅血球造成溶血。此外，瘧疾與SLE都會引發腦炎，但是瘧疾併發的腦炎是由於瘧原蟲侵入腦部所引起；SLE患者的腦部並沒有感染性微生物，卻也會引發腦炎。

換句話說，免疫系統似乎正與看不見的敵人孤軍奮戰著。

如果不知道何謂SLE的南美巫醫來到現代，見到SLE的患者，也許會認為她是中了被蚊子叮咬後發高燒（瘧疾）的惡咒，而立刻熬煮金雞納樹的樹皮汁液給她服用吧。不過，認為「SLE是中了瘧疾的詛咒所致」，或許不完全是胡言亂語。SLE患者的體內確實沒有瘧原蟲，然而，如下一章所介紹的，SLE患者體內擁有祖先與瘧疾生死搏鬥所獲得的眾多基因，而這些基因可能導致SLE發病。

註釋

1 磷脂質是構成細胞膜的主成分，抗磷脂抗體便是針對磷脂質的自體抗體。這種抗體容易形成靜脈及動脈血栓，若是發生在孕婦身上，可能會造成胎盤血管栓塞而習慣性流產。由抗磷脂抗體引起血栓的疾病，稱為抗磷脂抗體症候群（antiphospholipid syndrome），沒有伴隨其他病症者，稱為「原發性抗磷脂抗體症候群」，併發SLE等結締組織疾病患者，稱為「繼發性抗磷脂抗體症候群」。

2 加藤茂孝〈人類と感染症との闘い〉，モダンメディア 2016; 62: 2: 54。

3 譯註：malignant tertian malaria，又稱惡性瘧。

4 *Nature* 2010; 467: 420

5 最初研發的氯化奎寧有視網膜病變的副作用。後來研發了不容易產生視網膜病變副作用的羥氯奎寧，被歐美列為SLE等疾病的標準治療藥物。但是在日本，由於較晚停售氯化奎寧，導致視網膜病變受害擴大造成社會問題，使得視網膜病變風險較低的羥氯奎寧核准時間大幅延遲。

第2章　加拉巴哥群島的啟示

達爾文的「天擇」學說

查爾斯・達爾文（Charles Darwin）於一八五九年寫下了《物種起源》（*On the Origin of Species*）一書，探討地球為何存在如此多樣的生物，並且提出「天擇」（natural selection）學說，認為「適應環境的生物才能生存下來，並透過基因的傳遞改變原有的面貌」。[1]

南美洲大陸以西一千公里外的太平洋上，十三座小島組成了加拉巴哥群島（Galápagos Islands）。群島裡的每座小島皆與世隔絕，各自保有獨特的生態系統。

舉例來說，有些小島受到南極冰冷洋流的影響，即便位於赤道正下方，依然有企鵝棲息其上。一八三五年，達爾文搭乘小獵犬號環遊世界，途中造訪加拉巴哥群島上的各座小島，注意到每座小島上的雀鳥（後被統稱為達爾文雀〔Darwin's Finch〕）各有不同形狀的鳥喙。他發現，這是雀鳥為了適應各座島嶼的環境，經過「天擇」生存下來的結果。

例如棲息在以乾燥堅硬的種子為主食的小島，雀鳥的鳥喙就相當巨大。因為在這座小島上，雀鳥擁有足以咬碎種子的巨大鳥喙，更有利於生存。另一方面，棲息在多雨且以柔軟蟲子為主食的小島，鳥喙較小的雀

加拉巴哥群島上的各個小島上，棲息著鳥喙形狀各異的雀鳥。

圖6／達爾文雀（左）與達爾文（右）

鳥具有生存優勢。因此，這座小島發生乾旱時，必須大量進食以維持體型的巨喙雀鳥便無法在此生存。

達爾文的主張並不是指「強大」或「優秀」的生物才會被選中。他發現「適應生存環境」的生物，才能經過天擇的考驗而留下後代。此外，生物也會為了適應生存環境，將自己的外形特徵改變得更有利於生存。換句話說，在某種情況下看似不如其他個體的外形特徵，在環境改變時反而可能是最佔優勢的。

瘧疾與鐮刀型紅血球疾病

從人類的疾病，也能看到環境對於基因的天擇。最典型的例子，便是瘧疾與鐮刀型紅血球疾病（sickle cell disease）的關係。

鐮刀型紅血球疾病是體染色體隱性遺傳疾病，父母會遺傳給子女。人類會繼承父親與母親的基因，但只有同時繼承了父親與母親雙方的鐮刀型紅血球疾病基因（同型結合〔homozygous〕）才會發病，只繼承其中一方的基因（異型結合

〔heterozygous〕）並不會發病。

正常的紅血球是中間凹陷的圓餅狀，鐮刀型紅血球疾病的紅血球則是鐮刀狀。鐮刀狀紅血球容易遭到破壞，不僅會引發溶血導致貧血，也會阻塞血管造成器官梗塞。繼承這種基因的同型結合通常壽命不長，因此被視為對生物有害的基因。然而，非洲部分地區有將近一成的人擁有這種基因，原因是繼承這種基因的同型結

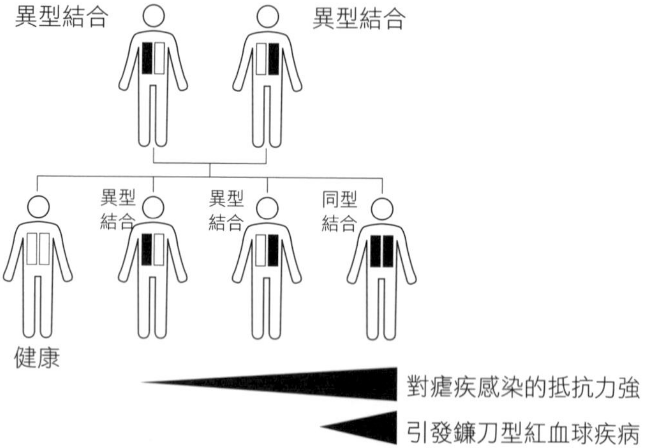

繼承了父母雙方的鐮刀型紅血球疾病基因者（同型結合），
會引發鐮刀型紅血球疾病並出現溶血及血栓症。
繼承父母其中一方的鐮刀型紅血球疾病基因者（異型結合），
不會引發鐮刀型紅血球疾病，對瘧疾產生耐受性。

圖7／鐮刀型紅血球疾病的遺傳形式

合與異型結合不容易感染瘧疾。

瘧疾會潛伏在紅血球裡繁殖。不過對繼承這種基因的人來說，瘧原蟲一旦進入人體就會破壞紅血球，使免疫系統得以發現瘧原蟲的蹤跡而展開攻擊，所以不容易引發瘧疾。因此，瘧疾流行的地區裡，繼承這種基因的個體由於擁有極高的存活率，而被選為應該優先傳承的基因。

在瘧疾流行的地區，還有其他許多紅血球病變被通報為遺傳性疾病。例如常見於地中海諸島的紅血球病變，稱為地中海型貧血（thalassemia）。除此之外，以熱帶地區居多的遺傳性球形紅血球增多症（Hereditary spherocytosis）、蠶豆症（G6PD deficiency）、Duffy 抗原陰性血型等疾病，全是基於瘧疾的耐受性（不容易感染）所進行的天擇。

由此可知，瘧疾是毒性極強的傳染病，使得生物用盡方法積極篩選不易受到感染的基因。

由瘧疾的天擇所導致的SLE風險基因

如眾所周知，SLE這種疾病實際上與鐮刀型紅血球疾病一樣，來自非洲、南美或東南亞等瘧疾流行地區的人更容易罹患此病，也容易惡化成重症。其中以非裔美國人最容易演變成重症，SLE的發病機率大約是歐洲人的三倍，也很容易併發腎功能衰竭等症狀。

既然如此，與自體免疫疾病有關的基因，是否有可能是為了抵抗瘧疾等傳染病所進行的「天擇」？在此將探討其中的可能性。

目前已知Fcγ受體的基因變異，[2]即是與SLE有關的重要基因。從世界地圖來看帶有Fcγ

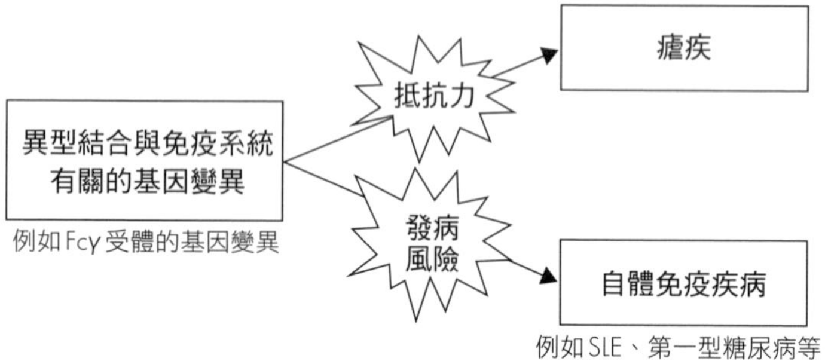

圖8／對瘧疾的抵抗力與自體免疫疾病的發病風險

受體基因變異的比率，以非洲、南亞／東南亞、南美等瘧疾流行地區居多。[3]由此可知，這種變異的基因「是否因為能夠抵抗瘧疾感染，所以經由天擇讓這些地區的人們傳承下來」？

事實上，據研究報告指出，同型結合若是帶有這類變異基因，SLE的發病風險會增加一・七倍，但是感染瘧疾重症的風險會下降〇・五倍。[4]換句話說，Fcγ受體的基因變異，是為了不容易感染瘧疾的天擇結

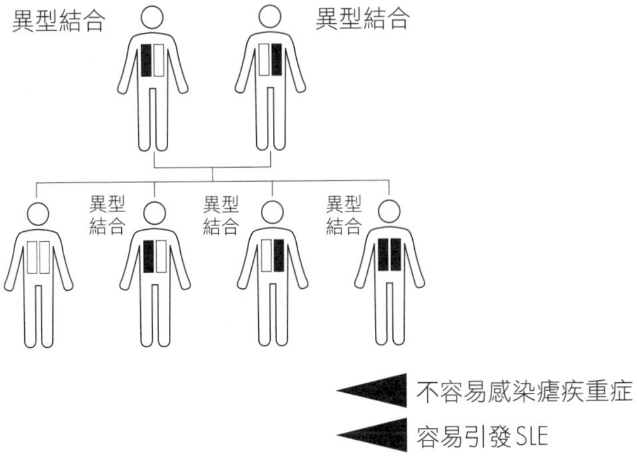

帶有這種變異基因的人，不容易感染瘧疾重症。
但是SLE發病的風險會提高。
引用自 *Proc Natl Acad Sci.* 2010; 107: 7881

圖9／ Fcγ受體的基因變異

果，代價則是須承擔SLE發病的風險。

Fcγ受體是一種能向辨識出抗體的細胞下達指令的分子，讓細胞激起發炎反應或處於靜止狀態。由於生物最重視抵抗外敵入侵，因此體內帶有多個能激起發炎反應的Fcγ受體。另一方面，能讓發炎症狀呈靜止狀態的受體只有一種（Fcγ受體2B）。研究發現，若是將抗發炎的Fcγ受體基因從實驗動物身上剔除（去除特定的基因序列），實驗動物就會抑制不了體內的發炎症狀而引發SLE。[5]不過，這些動物對於實驗性質的瘧疾感染均有抵抗力。

換句話說，與SLE有關的Fcγ受體基因變異容易引起發炎症狀，但是具有感染瘧疾時不易惡化成重症的優勢，因此，這種基因被非洲、東南亞、拉丁美洲等瘧疾流行地區的人經由天擇傳承下來。然而，這種基因在現代卻成了他們SLE發病或惡化成重症的主要因素。

薩丁尼亞島的新發現

在歐洲也能發現與SLE有關的基因透過瘧疾天擇傳承下來的例子。享譽盛名的地中海度假勝地、義大利的美麗島嶼薩丁尼亞（Sardegna），如今卻是以島上居民多數罹患SLE、第一型糖尿病、多發性硬化症等自體免疫疾病而聞名。為了調查其中原因，研究人員曾於二〇一五年分析了當地人的基因。鑑定的結果發現一種薩丁尼亞居民特有的新型SLE基因變異，也就是與BAFF基因有關的變異。[6,7]

耐人尋味的是，以BAFF蛋白為標靶的生物製劑[8]目前已被研發用於治療SLE，可望成為最先進的治療藥物。[9]

免疫系統的指揮中心T細胞會在人體遭到感染時，命令B細胞發射「抗體」飛彈。BAFF就是能活化B細胞使其更容易生產抗體的物質，這些抗體若是過多，除了產生能夠對抗感染性微生物的抗體之外，也會產生自體抗體，進而導致SLE發病。這座島上的SLE患者，便是因為基因變異產生過多BAFF，以至引發

SLE。

此外，義大利及歐洲全境都找不到BAFF基因變異的案例，唯獨薩丁尼亞島才有這種新型變異。

由此可知，如果僅在某個特定地區發現一種新型基因變異，該地區的特殊情況會使帶有風險基因的人經由「天擇」而增加。

至於為何只在薩丁尼亞島發現這種基因變異？醫學期刊《新英格蘭醫學雜誌》（*New England Journal of Medicine*）指出，薩丁尼亞島直到一九五〇年仍飽受瘧疾威脅。這座島在一九四六年才展開瘧疾消滅行動，在此之前一直都是瘧疾的流行地區。

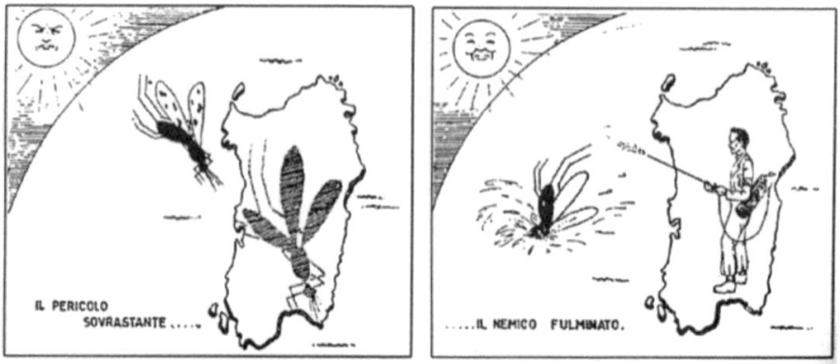

薩丁尼亞曾於1946年至1950年展開瘧疾消滅行動。

引用自 *Emerg Infect Dis* 2009; 15: 1460

圖10／瘧疾消滅行動的宣傳插圖

既然如此，為何ＢＡＦＦ基因變異會對瘧疾產生抗性（不易感染，或者即使感染也不易惡化成重症）？原因是若體內含有大量ＢＡＦＦ物質，就能有效生產抗體。也就是說，一旦感染了瘧疾，身體就會產生大量抗體來消滅瘧疾，因此對瘧疾產生抗性。事實上，經研究發現，體內含有過多ＢＡＦＦ基因的實驗鼠會罹患自發性ＳＬＥ，不過，就算讓實驗鼠感染瘧疾，牠也會對瘧疾產生抗性。

換句話說，含有過量ＢＡＦＦ基因會對瘧疾產生抗性，同時也具有ＳＬＥ發病的風險。因此，曾飽受瘧疾威脅的薩丁尼亞島上，至今仍有許多人帶有這種基因變異，這也使得ＳＬＥ發病的風險大為提高。

薩丁尼亞島民來自何方？

位於地中海中央、位處義大利羅馬西南方約三百五十公里的薩丁尼亞島，在封閉環境中孕育出獨特的文化。

薩丁尼亞島與義大利半島之間隔著深邃的海溝，島上的山岳地帶隨處可見光禿裸露的岩層，這是這座島約三億年前自海底隆起以來的原貌。薩丁尼亞島上散落著西元前一六〇〇年至西元前五〇〇左右以圓柱狀巨石建造的努拉歇（Nuraghe），這些遺蹟表明，島上從史前時代便存在石器文明。可以說，薩丁尼亞島就是一座「石頭」島。島民所使用的薩丁尼亞語（Sardu），與其說是義大利語方言的一種，不如說它從祖語古拉丁語保留了濃厚的羅曼語痕跡。一九二一年造訪此地的作家大衛・赫伯特・勞倫斯（D. H. Lawrence）十分喜愛這座保有遠古氣息的島嶼，並在其著作《海與薩丁尼亞》（*Sea and Sardinia*）裡寫道：「這座島屬於義大利卻又不像義大利，與其他地方沒有任何相似之處。」薩丁尼亞確實如他所言，雖然地處歐洲文化圈，但本質上依然保留著古老的野性靈魂，明顯與歐洲本土大相逕庭。

從遺傳學的觀點來看，薩丁尼亞島民的粒線體基因[10]約有八成屬於島外未曾見過的遺傳譜系，顯示這種基因具有獨特的起源。那麼，薩丁尼亞島民究竟來自何方？

二〇一二年，研究人員曾分析一具發現於義大利與奧地利邊界奧茨塔爾山（Ötztal）冰川的木乃伊基因，結果顯示這具約五千三百年前的「冰人」基因，竟然與現代薩丁尼亞人的基因驚人地相似。[11]也就是說，薩丁尼亞人保留了農業革命（後述）後不久的古代歐洲人基因。此外，薩丁尼亞人的基因與西班牙巴斯克地區（位於西歐庇里牛斯山，擁有不同於西班牙人的獨特文化及語言）的人們極其相似。換句話說，早期的農耕民族約在七千年前從歐洲湧入薩丁尼亞，與距今約兩萬年前即在島上定居的狩獵採集民族混血，島上與世隔絕的環境將他們的基因保留了下來。

薩丁尼亞人因此繼承了古代歐洲人的基因，但是僅憑出身來歷無法解釋這種基因為何會使現代薩丁尼亞人容易罹病。況且地中海貧血等血紅素異常疾病的盛行率如此高，顯然是經過瘧疾天擇的結果。薩丁尼亞也有許多人不能吃蠶豆，一旦食用蠶豆就會導致急性溶血性貧血，造成這種情況的是一種名為「G6PD缺乏症」的遺傳疾病，眾所周知，這也是基於瘧疾的耐受性所進行的天擇。

由此可知，薩丁尼亞島上的居民之所以大多罹患SLE、第一型糖尿病、多發性硬化症等多種自體免疫疾病，原因即是瘧疾對於天擇的影響。

值得一提的是，儘管薩丁尼亞人面臨多種疾病的威脅，當地百歲以上的男性人口密度卻高居世界第一，成了舉世聞名的長壽島。據說是因為當地人的傳統飲食富含豆類及發酵食品，再加上心靈層面獲得家庭及社會支持而擁有滿足的生活。

瘧疾形塑了自體免疫的基因

根據上述基因研究的結果，從基因的角度來看，自體免疫疾病SLE與傳染病瘧疾之間的淵源極深。研究認為，至少有一些與SLE有關的基因已被天擇用於對抗瘧疾。

然而，瘧疾對自體免疫疾病基因的影響，絕不僅限於SLE。舉例來說，SLE患者常見的Fcγ受體的基因變異，不只是SLE的風險基因，也是類風濕性關節炎、由自體免疫所引起的第一型糖尿病等疾病的風險基因。此外，薩丁尼亞島上發現的BAFF基因變異，同樣是SLE以及多發性硬化症的風險基因。

由此可知，瘧疾這種毒性極強的傳染病，會經由天擇影響SLE及其他各種自體免疫疾病的基因。

為什麼瘧疾能輕易影響天擇？

為什麼瘧疾對人類基因的影響如此深遠？原因之一或許在於瘧疾是最古老的疾病。不過，除了上述因素之外，還有另一項重要原因，使瘧疾能夠經由天擇輕易影響人類的基因——那就是五歲以下的兒童以及孕婦，特別容易遭到感染。

影響基因天擇的傳染病，會使兒童在達到生育年齡之前罹病死亡，或者病情惡化成重症，使他們無法藉由交配傳遞基因。再嚴重的傳染病，如果只奪走高齡者的性命，也不會影響後代子孫的基因。

換句話說，瘧疾不僅在人類誕生之初即如影隨形，它甚至專門侵襲兒童與孕婦，在各種傳染病中，對人類的基因造成莫大影響。

二〇二一年的女病患罹患SLE的原因

第一部開頭介紹了現代病房裡的女性SLE患者，她罹患SLE的原因，也許與祖先在南亞遇到瘧疾大流行有關。這起事件導致體內產生了能抗瘧疾但有SLE風險的基因，並由遷往東亞的人們傳承下來。因此，這有可能是該名女病患罹患SLE的間接原因。

瘧疾這種傳染病，對於現代日本人而言也許很陌生。不過，我的門診曾遇過同時罹患罕見的遺傳性球形紅血球增多症以及SLE的患者。遺傳性球形紅血球增多症（體染色體顯性遺傳，是日本最常見的遺傳性紅血球異常症），顯然是由瘧疾天擇所引發的疾病。根據推測，這名患者的祖先可能是從亞洲南方的瘧疾流行地區來到日本。

基因分析技術與生物資訊學等科學的發展日新月異。相信不久的將來，我們也許能透過基因確認自己的祖先來自何方以及如何遷徙。屆時說不定可以診斷出患者的致病基因，是否與某個時代、某個區域的某起事件有關。

如此一來，我們就知道為什麼會生病了。

註釋

1 達爾文當年撰寫《物種起源》時，尚未證實基因是否真實存在，後世的研究者透過種種實驗才證實達爾文提出的構想，例如葛利格・孟德爾（Gregor Mendel）的豌豆雜交實驗、詹姆斯・華生（James Watson）與法蘭西斯・克立克（Francis Crick）共同發現DNA雙螺旋結構等等。

2 基因的個體差異中，極為罕見的差異稱為基因變異；超過百分之一的人口擁有的基因變異，稱為基因多型性（genetic polymorphism）。本書為方便讀者理解，在此統稱為基因變異。

3 *Proc Natl Acad Sci.* 2007; 104: 7169。

4 *Proc Natl Acad Sci.* 2010; 107: 7881。

5 *Immunity* 2000; 13: 277。

6 *NEngl J Med* 2017; 376: 1615。

7 薩丁尼亞島罹患SLE的患者，是由於BAFF基因的啟動子（promoter）發生異常，導致BAFF蛋白過度生產所致。基因的啟動子，指的是增強特定基因進行轉錄的DNA序列。細胞會根據基因藍圖生產蛋白質，啟動子則是增強特定基因生產蛋白質的能力。

8 生物製劑（biological agents）是一種人工抗體，目的在於選擇性阻斷特定分子。其並非經由化學合成，而是運用分子生物學技術製造而成，也稱為抗體藥品。

9 以BAFF蛋白為標靶的生物製劑奔麗生BENLYSTA®（dupilumab），於二〇一七年核准用於治療SLE，可說具有劃時代的意義。日本也已核准使用。

10 粒線體（mitochondria）是細胞內重要的胞器（organelle）。粒線體基因只會遺傳自母親。

11 *Nat Commun* 2020; 11: 939。

第3章　史上最毒的流行性感冒

影響SLE這類自體免疫疾病基因的傳染病，絕不只有瘧疾而已。各個地區爆發的傳染病，有可能會影響基因的天擇，造成自體免疫疾病症狀的多樣性。

西班牙流感

始於二〇一九年的新冠肺炎疫情，最終

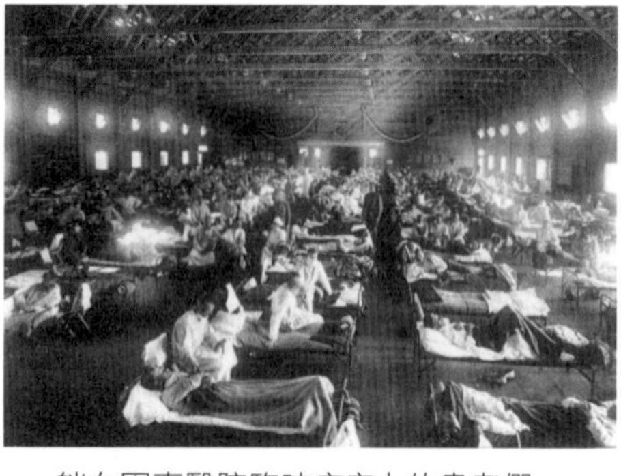

躺在軍事醫院臨時病床上的患者們。
引用自 *PLoS Biol* 2006; 4: e50

圖11／流行性感冒「西班牙流感」

演變成感染人數超過五億人、死亡人數超過五百萬人的全球大流行。這場疫情不僅是嚴重的傳染病，它所帶來的訊息也使我們的生活模式陷入各種混亂與改變。

疫情爆發初期的種種場面，相信大家仍記憶猶新，例如「阿瑪比埃」[1]護身符、「三密」標語，[2]以及幼稚園兒童的「默食」。[3]我們也因此逐漸適應新常態的生活模式，為了防疫而極力避免與人見面、見面時必定戴口罩並且保持兩公尺以上的距離。

然而，僅在一百多年前，就有一場規模遠超過新冠肺炎疫情的大流行——也就是一九一八年起在世界各地肆虐、有史上最兇猛流行性感冒之稱的「西班牙流感」。

西班牙流感造成當時世界人口約三分之一（將近五億人）感染，並奪走約五千萬人的性命。感染人數與新冠肺炎差不多，但死亡人數相差了十倍之多，雖說當時醫療水準遠不如現代，仍不可否認西班牙流感是比新冠肺炎更嚴重的傳染病。值得一提的是，感染新冠肺炎而死亡的幾乎是六十五歲以上的高齡者，相較之下，感染西班牙流感而死亡的案例則主要是六十五歲以下，並以十五至三十五歲的年輕世代居多。從這些事實來看，西班牙流感可說是人類有史以來最嚴重的傳染病之一。

從前與現在的預防原則都是「戴口罩、漱口與預防接種」

當年「西班牙流感」也侵襲了日本，並在一九一八年至一九一九年間經歷三波大流行，造成二千三百萬人感染、三十八萬人死亡。

根據當時的報導，由於「流行性感冒」肆虐，導致大相撲力士休場、師範學校停課，死亡人數不斷增加也造成火葬場擁擠不堪。其中最引人注目的是軍艦「矢矧號」事件，當年矢矧號在澳洲近海結束任務返國途中，停靠在新加坡港口時，由於上岸的船員將病毒帶回艦上，導致全艦四百六十九名船員中有三百零六人罹患流感，其中四十八人死亡。新冠肺炎疫情初期的鑽石公主號群聚感染事件便與這起案例如出一轍，都是在封閉空間群聚導致疫情擴大。

為了防範惡性的「流行性感冒」擴大流行，當時的內務省衛生局也製作了防疫宣導海報。從當時的海報內容來看，從前與現在預防傳染病的原則都是「戴口罩、漱口與預防接種」。當年的西班牙流感一如現代的新冠肺炎，人們面對史無前例的傳染病，無不感到驚慌失措。

西班牙流感的秘密

為什麼西班牙流感的殺傷力如此驚人？為了探索其中的謎團，約翰．胡爾廷（Johan Hultin）[4]於一九九七年率領研究團隊挖掘出埋在阿拉斯加永凍土中的四具西班牙流感受害者遺骸。他們的目的在於從遺骸中提取基因，找出西班牙流感病毒造成全球大流行的致病性。

當研究人員分析提取自永凍土的西班牙流感病毒基因，發現它們具有奇特的特性。這種流感病毒竟然在正常的人類季節性流感

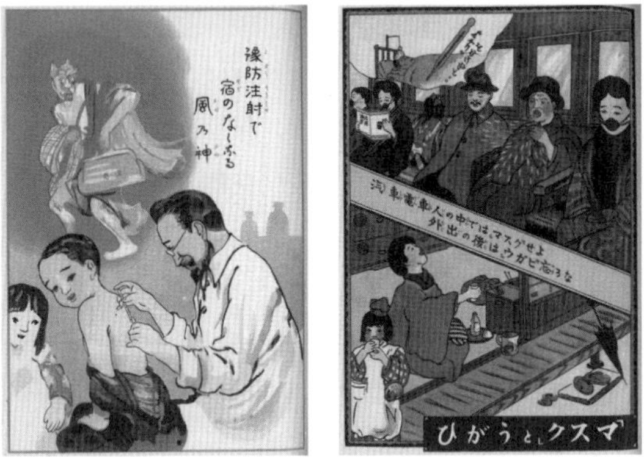

出處：國立保健科學院

圖12／內務省衛生局製作的西班牙流感防疫宣導海報。

基因序列中，混雜著鳥類的流感病毒基因序列。換句話說，西班牙流感是季節性人類流感病毒與鳥類的流感病毒基因交換（gene exchange）所產生的劇毒病毒珠，也就是現代所說的「禽流感」。[5]

第一型干擾素

基因融合（gene fusion）所產生的西班牙流感病毒，具有什麼樣的特徵？

研究人員利用既有的病毒基因，補足提取自遺骸的病毒基因缺失部分，復原了病毒的功能，進而發現西班牙流感與往年季節性流感的差別，即在於它會使宿主（受感染者）的第一型干擾素（Type I Interferon，IFN-I）失去作用。[6,7]

第一型干擾素是抵抗流感等各種病毒時極為重要的分子。當第一型干擾素發出訊號，眾多細胞就會進入備戰狀態，增強對抗病毒的戰鬥力。

一般認為，西班牙流感如此肆虐，是因為這種病毒會使宿主體內的第一型干擾素發生變異而失去對抗病毒的能力，導致大量人群遭到感染引爆全球大流行。

據研究報告指出，即便感染新冠肺炎病毒，第一型干擾素在預防感染方面也扮演著重要角色。若是本身的基因型帶有干擾素反應不良的基因，一旦罹患新冠肺炎，極有可能惡化成重症。[8]相反，如果本身的基因型能產生大量第一型干擾素，即使感染這類病毒也不易惡化成重症，存活機率相當高。

第一型干擾素與SLE

另一方面，如今已知第一型干擾素的相關基因，是攸關SLE等眾多全身性自體免疫疾病發病與否最重要的風險基因之一。SLE發病的原因是第一型干擾素反應過度，導致免疫系統失控而損害各個器官。證據即是近年來研發的抑制第一型干擾素活性的生物製劑，可望成為治療SLE的先進藥物。[9]

事實上，SLE患者血液中的第一型干擾素活性比健康的人高出許多。耐人尋味的是，分析SLE患者的父母以及未發病手足的血液時，發現他們雖然身體健康，但是第一型干擾素活性比健常人略高。這意味著什麼呢？[10]

也許SLE患者的父母，都從他們的祖先繼承了某種能增加第一型干擾素活性的基因，而這種基因會使祖先在面對嚴重的病毒感染時具有生存優勢。後來這些父母的孩子，便以四種不同的模式繼承了第一型干擾素活性的相關基因。

假設四人中有一人沒有從父母雙方繼承能增加第一型干擾素活性的基因，他對於病毒感染的抵抗力可能會比父母略低。其中兩人僅從父母任一方繼承了能增加第一型干擾素活性的基因，他們對病毒感染

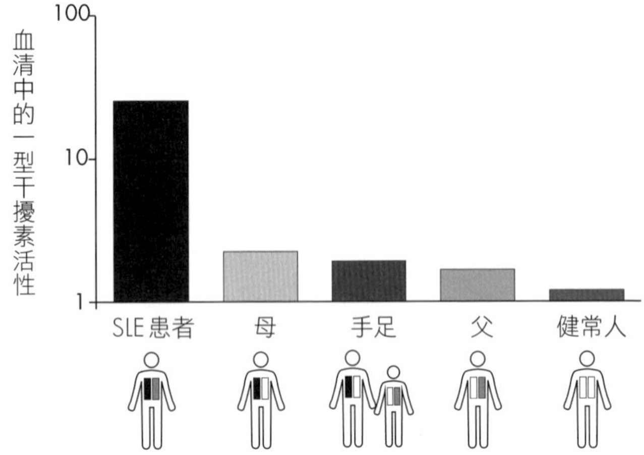

編輯自 *Genes Immun* 2007; 8: 492

圖13／SLE患者與其家族、健常人血液中的第一型干擾素活性

的耐受性會與父母相仿。最後一人則是從父母雙方繼承了能增強第一型干擾素活性的基因，他對於病毒感染的抵抗力會更強，但也增加了由於免疫系統失控而引發疾病的風險，例如SLE。

換句話說，父母的體質若是能夠大量生產第一型干擾素，SLE患者便有可能繼承父母的體質，同樣能大量生產第一型干擾素，因而導致SLE發病。

第一型干擾素基因的天擇

由此可知，容易過度生產第一型干擾素的體質，面對流感等病毒感染時具有生存優勢，卻有可能面臨SLE等自體免疫疾病的發病風險。

流行病學尚未證實西班牙流感與SLE等自體免疫疾病的關係。不過，面對各種病毒的威脅，第一型干擾素都是抵禦感染時最重要的分子，有鑑於此，當各地發生嚴重的病毒疫情時，個體若是帶有能夠大幅提升第一型干擾素活性的基因，就有可能通過天擇的考驗而存活下來。

如今在世界各個不同區域，都發現了該地區特有的第一型干擾素相關基因變異，並且證實與ＳＬＥ等自體免疫疾病的發病風險有關。例如在東亞，便發現東亞特有的第一型干擾素相關基因變異，[11]這些基因變異，都是受到過去在各地肆虐的某種傳染病影響所產生的天擇。

西班牙流感的死者為什麼都是年輕人？

研究發現，西班牙流感病毒是人類流感病毒與鳥類流感病毒基因融合所產生的特殊病毒，它會造成宿主的第一型干擾素基因發生變異並失去作用，進而引發大規模疫情。

然而，為什麼西班牙流感的死亡人口中，高齡者甚少，年輕人卻佔大多數呢？關於這一點，近幾年來對於禽流感的研究資料提供了重要的啟示。

香港曾在一九九七年與二〇一三年兩度爆發禽流感。二〇一三年的禽流感，造成許多一九六八年以前出生的高齡者惡化成重症。這是意料之中的結果，因為抵抗力差的高齡者很容易惡化成重症。但是一九九七年的禽流感，高齡者很少出現重症病況，反倒是一九六八年以後出生的年輕人大多併發重症。

為什麼一九六八年前後會出現如此差異？研究結果發現，原因是主要流行的季節性流感病毒型別在那一年發生變異。季節性流感病毒用於感染宿主的表面突起HA抗原，以一九六八年為分界點，從HA1型轉變成HA2型。此外，一九九七年的禽流感具有季節性流感HA1型表面抗原，二〇一三年的禽流感則是具有季節性流感HA2型表面抗原。[12]

換句話說，小時候曾感染過HA1型季節性流感的人，遭遇同一型別的一九九七年禽流感時能避免惡化成重症；曾感染過HA2型季節性流感的人，在二〇一三年爆發禽流感時也不至於併發重症。

姑且不論防止感染擴大的問題，這次的新冠肺炎疫情中，兒童即使感染也甚少併發重症。因此，童年時期感染過這類傳染病也未必是壞事。將來若是出現更嚴重的新型冠狀病毒，可能只有曾經感染過新冠肺炎的人才得以存活。

註釋

1 譯註：アマビエ，日本傳說中的人魚形生物，有著長髮、鳥嘴、魚身及三條腿，自海中出現，能保佑豐收與祛除瘟疫。

2 譯註：日本疫情期間，首相官邸及厚生勞動省等政府機關推出的防疫標語，呼籲民眾避開密閉空間、密集場所、密切接觸場合，以防止群聚感染及疫情擴散。

3 譯註：指吃營養午餐時「食不言」，禁止學生用餐時聊天。

4 譯註：瑞典裔美國病理學家，以復原一九一八年的流感病毒而聞名

5 *Nature* 2007; 445: 319。

6 *J Virol* 2009; 83: 10557。

7 第一型干擾素，即是細胞遇到病毒入侵時所產生的最具代表性的細胞激素（cytokine）。由偵測入侵病毒的漿細胞樣樹突細胞（plasmacytoid dendritic cells，pDCs）分泌的干擾素α稱為第一型干擾素，主要由T細胞分泌的干擾素γ稱為第二型干擾素。

8 *Nature* 2021; 591: 92。

9 第一型干擾素受體阻斷劑莎芙諾（Anifrolumab）生物製劑，於二〇二一年核准使用，成為SLE的突破性治療藥物。這是繼奔麗生BENLYSTA®之後核准用於治療SLE的第二種生物製劑。

10 *Genes Immun* 2007; 8: 492。

11 *Ann Rheum Dis* 2021; 80: 632。

12 *Science* 2016; 354: 722。

第4章　不祥的蝙蝠

《猩球崛起》上映引發恐慌

二〇一四年，電影《猩球崛起：黎明的進擊》（*Dawn of the Planet of the Apes*）上映後不久，日、美股價同時崩跌。原因是美國本土傳出首例令人聞風喪膽的「伊波拉出血熱」（Ebola Hemorrhagic Fever）感染者。不僅如此，這名患者接觸過的人可能多達八十人。由於這宗致命傳染病的報導，與《猩球崛起》描述的人類因瘟疫而滅絕並被猩猩取代的世界觀如出一轍，頓時引發恐慌，因而對於當時的股價與經濟造成衝擊。

致死率極高的傳染病

「伊波拉出血熱」是由伊波拉病毒所引起的傳染病，會出現發燒與劇烈頭痛、腹瀉、嘔吐、肚痛等病徵，伴隨吐血、便血等出血症狀。這種疾病的可怕之處在於致死率極高，一九九五年在剛果民主共和國首次爆發的群聚感染中，三百一十五名感染者中就有二百五十人死亡，致死率將近八成。

這種傳染病是經由蝙蝠傳播的非洲地方性流行病，在此之前都是在非洲地區出現零星疫情。不過，原則上死亡率極高的傳染病會使感染者快速死亡，不會引爆大規模的群聚感染，因此一直都沒有較大規模的感染案例。

然而，二〇一四年爆發疫情時，儘管採取了嚴格的感染管制措施及早控制疫情，西非地區的感染者數仍高達二萬八千二百二十人，最終死亡人數達到一萬一千二百九十一人。

二〇一四年伊波拉出血熱的感染源

伊波拉病毒與馬堡病毒出血熱（Marburg Virus Disease）同屬於絲狀病毒（filovirus，線狀單股RNA病毒）。自然宿主為蝙蝠，或是猩猩等靈長類，造成牠們隱性感染（inapparent infection，無症狀感染）或持續感染。

二〇一四年爆發的伊波拉出血熱疫情，源自一名住在幾內亞美良度村（Meliandou）的兩歲男童。研究人員在美良度村實地調查，確定了野生動物傳染給男童的傳播途徑。該地區的大型靈長類動物很難捕獵，因此村裡不盛行狩獵。另一方面，伊波拉病毒的天然宿主是果蝠，村裡的男人常常捕獵果蝠當野味食用，但是男童的父親並沒有捕獵果蝠。不過，村裡的男孩會捕捉體型較小的皺鼻蝠（*Tadarida insignis*），並升起小火燒烤牠們。當研究人員根據這條線索前往男孩們常去玩耍的大樹洞，結果在樹根周圍的土壤檢測到帶有伊波拉病毒的皺鼻蝠DNA。據說當時焚毀這棵大樹時，無數蝙蝠如雨般從樹洞中衝出來，當地村民將牠們捉來吃。那名兩歲男童有可能是在皺鼻蝠棲息的樹洞裡玩耍，才感染伊波拉病毒。[1]

蝙蝠是不祥的動物？

據研究指出，蝙蝠不僅是伊波拉出血熱的病源，也有可能是過去七次全球大流行——新冠肺炎、SARS、MERS等疫情——的導火線。為什麼由蝙蝠傳播的傳染病，容易引爆全球大流行呢？

首先，蝙蝠是唯一能夠長距離飛行的哺乳類動物，因此，牠能將病毒攜帶到遙遠的地方，傳播給同為哺乳類的人類。在遠離陸地的島嶼上，蝙蝠常是唯一的哺乳類動物。在這樣的島嶼上，當地人也可能會將蝙蝠視為珍貴的蛋白質來源，但是也會為島上帶來致命的病毒感染。

此外，蝙蝠擁有的獨特免疫系統，有可能會在無意中產生對人類具有高度傳染力的病毒。

由於蝙蝠體內始終保持濃度比人類高出甚多的第一型干擾素，而第一型干擾素能抵抗病毒感染，所以能成功感染蝙蝠的病毒，已是能使高濃度干擾素失去作用的變種病毒，對人類具有潛在的高度傳染力。另一方面，研究指出，蝙蝠的免疫系統中，能刺激分泌發炎性細胞激素「發炎體」（inflammasome）[2]的功能明顯衰退。因此，蝙蝠就算感染病毒，體內也不會產生強烈的發炎反應。換作一般的哺乳類動物，遭到病毒感染就會變得無精打采而失去活力，就像各位感冒時會感到無比難受。然而，蝙蝠即使遭到感染，以至血

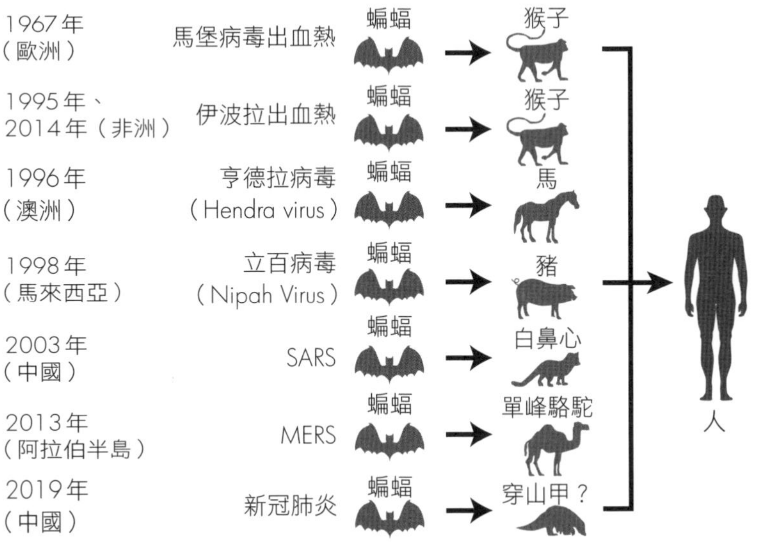

圖14／疑似由蝙蝠引起的全球大流行

液裡含有病毒，牠依然能活力充沛地飛來飛去。換句話說，儘管蝙蝠活力充沛地到處飛翔，牠體內可能潛藏著極為致命的病毒。

為什麼蝙蝠的免疫系統如此獨特？這與牠們的生活型態有關。有些種類的蝙蝠會形成數量多達兩千萬隻的龐大聚落，並且密集棲息在洞穴裡。因此，為避免整個聚落因為個別蝙蝠遭到病毒感染而全軍覆沒，牠們必須發展出獨特的免疫系統。

距今約六千五百萬年前，隕石撞擊地球導致生物大滅絕，蝙蝠便是在恐龍滅絕時趁機崛起的小型哺乳類動物。因為只有蝙蝠或老鼠這類小型哺乳類動物，才有可能在劇烈的環境變化中存活。我們的祖先，例如老鼠這類小型哺乳類動物，在陸地上隨著演化過程而不斷改變形態。蝙蝠在這段期間，為了適應當下的生態系也花了漫長的時間調整免疫系統。這就是蝙蝠六千五百萬年來始終保持不變的原因。

蝙蝠的獨特免疫系統，讓蝙蝠在生存競爭中極佔優勢。但是對人類而言，有可能是造成致命災難的病毒源頭。

世界各地不同的文化，都將蝙蝠視為「不祥的動物」，例如「吸血鬼傳說」。或許是人類的記憶深處，仍保留著蝙蝠引發嚴重傳染病、導致村民無一倖免的事件。

另一方面，藉由研究蝙蝠的免疫系統，可望研發出人類自體免疫疾病的突破性療法，令人期待未來的研究成果。

伊波拉病毒感染後可能潛伏在人體內

伊波拉病毒不僅會感染蝙蝠與猴子，也有可能潛伏在人體內。

二〇二一年二月，中非爆發新的伊波拉疫情。但是有研究認為，此次病毒的源頭並不是蝙蝠或猴子，有可能是人類遭到感染所致。

檢測疑似感染源女病患的病毒基因序列的時候，發現竟然與二〇一四年在幾內亞採檢到的基因序列高度一致。再者，比較這兩種病毒的基因時，發現變異數量遠遠少於假設病毒在人際傳播期間存活下來時所產生的變異數量。由此可知，二〇二一年的伊波拉病毒，可能是在這名經歷二〇一四年疫情而倖存的患者體內潛伏了相當長時間才出現。[3]

換句話說，伊波拉病毒的傳播媒介不只是蝙蝠等動物，也可能長期潛伏在人體內，等到宿主的免疫力下降再伺機而出，進而引爆下一波疫情。

後伊波拉症候群

許多感染過伊波拉出血熱的倖存者，眼睛、關節、神經等組織會出現嚴重不適，這種現象稱為「後伊波拉症候群」（post-Ebola syndrome）。研究人員為了調查其中原因，於是將針插入一名曾經感染伊波拉出血熱、康復後卻感到眼睛劇痛的患者眼球。檢查結果竟然發現，在患者的眼球裡有大量伊波拉病毒。也就是說，即便患者的血液裡檢測不到伊波拉病毒，它也有可能長期潛伏在眼睛、腦部及睪丸等組織裡，這就是造成「後伊波拉症候群」這種後遺症的原因。[4]

這種後遺症與「免疫豁免」（Immune privilege）現象有關。換句話說，眼睛、腦部和生殖器官等組織為了維持器官功能，具有不易引起免疫反應（Immune response）與發炎反應，以及免疫系統在排除異物時不易發揮作用的特性。因此，伊波拉病毒與

ＨＩＶ等數種病原體，就是反過來利用免疫豁免，將這些器官當成長期潛伏感染宿主的避難所。

反過來利用免疫系統侵入人體的伊波拉病毒

伊波拉病毒是十分奸詐的病毒，擁有各種機制躲避宿主免疫系統的攻擊。例如上一章所介紹的西班牙流感病毒，伊波拉病毒同樣具有能讓宿主體內的干擾素失去活性的機制。據認為，這是蝙蝠多年來從自然宿主身上發展出來的特性。

不僅如此，伊波拉病毒也能反過來利用免疫系統的機制感染人體。

人體的免疫系統在對抗感染性微生物時，最重要的武器就是抗體。生物體內的補體系統（complement system）[5]能與抗體結合，並啟動連鎖反應增強抗體的攻擊能力。就像集束炸彈一樣，一顆母炸彈可引發連鎖反應彈射出數千枚子炸彈，使殺傷力備增。

然而，伊波拉病毒會在補體系統啟動連鎖反應時使用Ｃ１ｑ分子，反過來利用抗體侵入細胞內部。[6]也就是說，生物最有效的防禦機制，反倒被伊波拉病毒利用來感染人體。因此，一旦感染伊波拉病毒出血熱，即便身體產生了抗體，也有可能因為「抗體依賴性免疫加強反應」（antibody dependent enhancement）而使感染變嚴重。

遺傳性C1q缺陷

鑑於C1q是伊波拉病毒用來感染人體的重要分子，研究認為，人體若是缺乏C1q分子，病毒就無法入侵，人體也會產生抵抗力對抗伊波拉出血熱的感染。

另一方面，遺傳性C1q缺陷是一種體染色體隱性的遺傳性疾病（只有從父母雙方繼承了遺傳性C1q缺陷才會發病），據知SLE的發病機率為百分之九十以上。由於SLE屬於多因子遺傳性疾病（multifactorial disease），[7]很少會因為單基因異常而發病，但如果是C1q缺陷，單基因異常則會導致SLE的發病機率大增。

C1q缺陷為何會引發SLE？現代醫學以「廢棄物處理（waste disposal）假說」來解釋這種情況。由於C1q是巨噬細胞（吞噬病原微生物的細胞）吞噬與清除遺到感染而受損的細胞時所需的分子，C1q一旦有了缺陷，不正常的死細胞就會堆積在體內。這些死亡的細胞會被當成「危險」物質，進而誘發免疫反應，導致SLE發病。

因此，從父母雙方繼承遺傳性C1q缺陷的話，SLE的發病機率即超過九成。為什麼會產生這種有害的基因呢？

從天擇的觀點，可以推導出其中的原因。遺傳性C1q缺陷，僅偶發（只在當地發生）於非洲、中東、中南美等人煙稀少的村落及島嶼。據認為，在這些與世隔絕的地區，若是發生伊波拉病毒這類利用C1q感染人體的致命傳染病，或許只有本身帶有遺傳性C1q缺陷的個體才能存活。因此，擁有這種遺傳特徵的個體，儘管SLE發病的風險極高，生存上仍然具有優勢，遺傳性C1q缺陷才會以遺傳疾病的形式傳承下來。

由此可知，在限定區域內發生致命傳染病時，能夠對抗傳染病的特殊基因就會經由天擇傳承下來。再者，經由天擇傳承下來的基因，可能會使後代子孫面臨自體免疫疾病的發病風險。

註釋

1 *EMBO Mol Med* 2015; 7: 17。

2 細胞激素（cytokine）是由細胞分泌的具有生理活性的蛋白質總稱，發炎性細胞激素（inflammatory cytokine）則是促進周圍細胞產生發炎反應的生理活性物質。

3 *Nature* 2021; 597: 539。

4 *N Engl J Med* 2015; 372: 2423。

5 補體是存在於血清的蛋白質，補體蛋白之間會產生連鎖反應，最後形成能引起發炎反應的C5a，以及能溶解細胞的C5b-9（MAC）。抗體啟動連鎖反應時最先結合的分子是C1q，細菌及真菌啟動連鎖反應時最先結合的分子則是C3與MBL。

6 ウイルス 2006; 56: 1: 117。

7 遺傳性疾病是由單基因異常所引起的單基因疾病。至於現代常見的疾病，例如糖尿病、高血壓、高脂血症等生活習慣病，幾乎都是多基因疾病，發病原因除了複數基因出現異常以外，還可能受到環境因素所影響。

第5章　斑馬的隱身術

為什麼斑馬會有黑白斑紋？

動物園裡的工作人員表示，來校外教學的小朋友最常問的問題是：「為什麼斑馬會有黑白斑紋？」斑馬身上黑白分明的直條紋，在動物園裡確實很搶眼，怪不得令小朋友印象深刻。

提倡演化論的達爾文也認為，斑馬身上的斑紋應該是為了適應生存環境，但是他並不明白箇中原因。

關於斑馬為何會有黑白斑紋，人們提出了幾種理由。例如，有人認為那樣的條紋是為了躲避獅子等掠食者的偽裝，黑白分明的色彩是斑馬在大草原上的最佳保護色。不過，從獅子捕獵斑馬的影片中能看出，這種斑紋顯然未能讓斑馬逃過一劫；此外，也有人認為黑白斑紋可調節體溫——黑色部分吸收陽光使體溫上升，白色部分反射陽光則使體溫下降，於是在斑馬的身體表面形成一股氣旋，達到降溫效果。斑馬棲息在非洲最炎熱的地區，這一點即被引為證據。研究人員曾將斑馬布偶放在陽光下實驗，證明黑白條紋確實會在布偶表面產生氣旋。然而，當布偶的溫度持續上升，黑白條紋並沒有發揮降溫效果。

目前最有力的理論，則是認為斑馬的黑白斑紋能抵擋吸血蠅叮咬。

吸血蠅

馬廣泛分布在世界各地，但是斑馬只棲息在非洲的特定區域。令人驚訝的是，斑馬的棲息地，竟然與吸血性的采采蠅（tsetse fly）出奇一致。

采采蠅僅發現於撒哈拉沙漠以南的非洲地區，以吸食哺乳類及鳥類的血液維生。采采蠅不僅會吸血，還會傳播可怕的昏睡病（在家畜身上稱作「那加那病」〔nagana〕）。歐洲人殖民侵略非洲時也曾引進牛隻與馬匹等家畜，但是都被采采蠅叮咬而罹患昏睡病，虛弱得不堪使用。反倒是斑馬，體毛比一般的馬還短，照理說應該更容易被采采蠅吸血，但是斑馬幾乎不會罹患昏睡病，所以才有黑白斑紋能抵擋吸血蠅叮咬的說法。[1]

研究人員為此進行了一項實驗，確認斑馬的黑白斑紋是否真的能抵擋采采蠅叮咬。研究人員將黑色、白色、黑白條紋的外衣分別罩在褐色馬匹上，觀察采采蠅的近親馬蠅落在馬匹身上的比例。實驗結果發現，馬蠅落在黑白條紋外衣上的數量非常少。另一方面，比較落在未罩上外衣的馬頭上的馬蠅數量時，發現不論馬匹身上罩上哪一種外衣，馬蠅落在馬頭上的數量都一樣。由此可知，斑馬的黑白斑紋確實具有抵擋馬蠅落在身上的作用。為什麼馬蠅不願意落在黑白條紋上呢？關於這一點，馬蠅及采采蠅為了在乾燥的陸地上找到適合交配及產卵的水坑，其視覺系統已進化到能感應水面折射的水平偏振光（水面上閃爍搖曳的光芒），但是白色與黑色相間的條紋似乎會干擾視覺，使牠們無法正常降落在斑馬身上。[2] 換句話說，斑馬是為了混淆采采蠅的視覺，才演化出黑白相間的條紋。

非洲昏睡病

由采采蠅傳播給人類的疾病，稱為「非洲昏睡病」。這種疾病只存在於采采蠅棲息的撒哈拉沙漠以南的非洲，並且根據致病的錐蟲（*Trypanosoma*）種類分為兩種病型。

若是感染羅得西亞錐蟲（*Trypanosoma rhodesiense*），病情惡化極快，且會引起腦膜炎症狀，使患者逐漸昏睡甚至死亡。

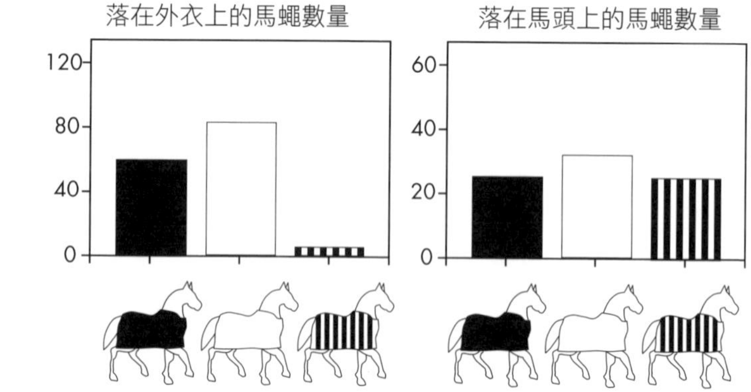

編輯自 *PLoS ONE* 2019; 14: e0210831

圖15／ 馬蠅落在罩著黑白條紋外衣的馬匹上的數量

若是感染甘比亞錐蟲（*Trypanosoma gambiense*），病情進展緩慢，患者的睡眠周期會在數個月或數年後開始紊亂，最終導致思覺失調症以及性格轉變，甚至精神錯亂而死。目前尚無有效的疫苗，若未及早治療恐會危及生命。

用顯微鏡觀察染病患者的血液時，可以看到具有鞭毛的錐蟲來回游動的樣子。「trypano」在希臘語中有「鑽洞」之意，由於患者血液中的微生狀似軟木塞的螺旋開瓶器，因此命名為「錐蟲」。

錐蟲實際上是眼蟲（*Euglena*）的近親，相較於眼蟲選擇以葉綠體進行光合作用自給自足，錐蟲則是選擇寄生在哺乳類及鳥類身上吸血維生。換句話說，錐蟲與瘧原蟲一樣放棄自足之路，選

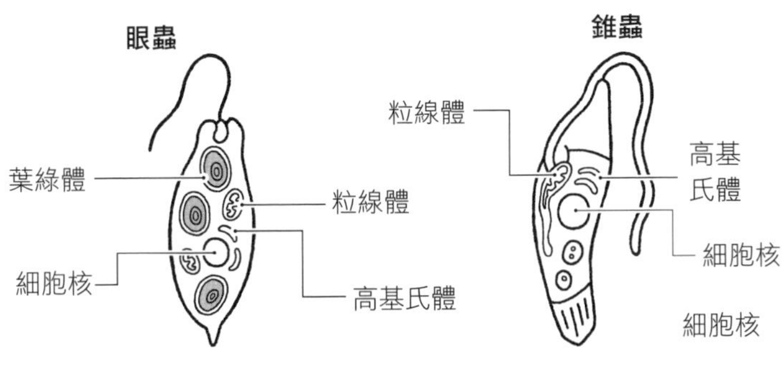

圖16／眼蟲與錐蟲

擇像無賴一樣苟活，這兩者可說是一起走上歪路的狐群狗黨。

受挫的羅伯・柯霍

有一位醫師執著於解決這種疾病，他就是與路易・巴斯德（Louis Pasteur）並稱為近代微生物學之父的羅伯・柯霍（Heinrich Hermann Robert Koch）。

非洲昏睡病原本是非洲中部自古以來即有的地方性流行病，但是在十九世紀末的殖民地時期曾爆發一次大規模疫情，造成烏干達二十五萬人死亡、剛果盆地十萬人死亡。於是在一九〇六年，柯霍被派往德屬東非對抗疫情，他前一年才因為發現結核桿菌而獲頒諾貝爾獎，奠定了微生物學泰斗的地位。

柯霍嘗試使用富含砷的氨基苯砷酸鈉（atoxyl）藥物治療這種疾病，但是他也建議必須進行「除草砍伐作業」以消滅采采蠅。因為采采蠅的幼蟲會潛伏在植物背陰處等日光照射不到的土壤中，過了三十至四十日便破蛹而出，而當地土生土長的香蕉樹葉片甚大，提供了適宜的背陰空間與濕氣，對采采蠅來說正是絕佳的棲息地。然而，香蕉是香甜味美的上好美食，所以當地居民強烈反對砍伐香蕉樹。儘管如此，當時正值殖民地時代，許多原住民仍是被迫砍伐香蕉樹，甚至因此遭到采采蠅叮咬而染病喪命，為期不到一年的「除草砍伐作業」就此喊停。即便近代微生物學之父柯霍親自出馬，想要控制這種傳染病依然不是容易之事。[3]

諾貝爾獎得主柯霍於一九〇八年應學生北里柴三郎[4]之邀來到日本，獲得舉國上下熱烈歡迎。但是柯霍在歡迎會上選擇的演講主題，並不是讓他榮獲諾貝爾獎的結核桿菌與霍亂弧菌，而是非洲昏睡病。

左圖：北潔・山内一也《〈眠り病〉は眠らない》（岩波書店）；右圖 :Getty Images

圖17／非洲昏睡病與羅伯・柯霍

「昏睡病，是非洲當前最嚴重的傳染病。」他針對此一主題，發表了熱切的演說。對柯霍來說，或許這是他極力想要解決的疾病吧。遺憾的是，柯霍等不到疾病迎刃而解的那一日，在一九一〇年因病逝世。

非洲昏睡病與APOL1

另一方面，據知有些非裔美國人具有APOL1（載脂蛋白L1）基因變異，因此容易罹患慢性腎臟病或腎衰竭。SLE患者中具有這種基因變異的人，也很容易引發狼瘡性腎炎（SLE併發的腎臟炎）而腎衰竭。不過，為什麼只有非裔美國人具有這種基因變異呢？

事實上，具有這種基因變異的人不容易感染非洲昏睡病，因為錐蟲一旦吸收變異的APOL1蛋白，身體就會溶解，人體因此免受錐蟲寄生。然而，變異的APOL1蛋白也會損害腎臟細胞，導致腎臟功能因蛋白質經尿液流失而受損。[5]

會損害腎臟功能的APOL1基因變異，對人體而言絕非好事。但是具有這種基因變異的個體，會對致命的非洲昏睡病產生抗性，所以這種有利生存的基因就在非洲出身的人之間傳承下來，非裔美國人也因此面臨罹患腎臟炎以及腎衰竭的遺傳風險。

錐蟲感染人類的起因

非洲昏睡病的致病感染源布氏錐蟲（*Trypanosoma brucei*），最初只廣泛感染野生動物。而人類的血清裡含有APOL1蛋白，可作為錐蟲的抗性分

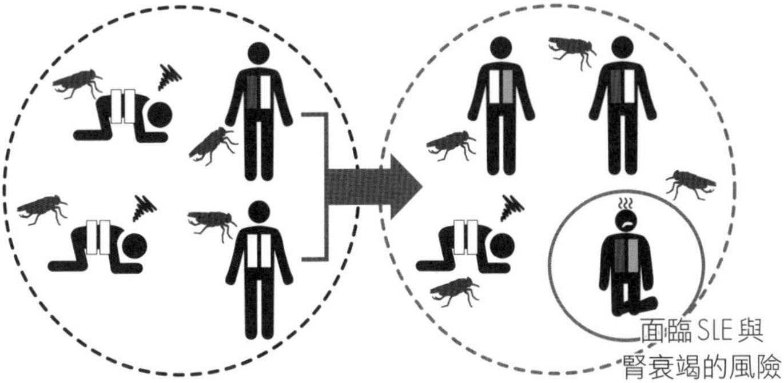

具有APOL1抗性基因變異的人若是存活下來並與人交配，
生下來的孩子會對非洲昏睡病產生抗性，
但同時也面臨罹患自體免疫疾病的風險。

圖18／非洲昏睡病與APOL1基因

子，所以生來即對錐蟲具有抵抗力，並不會感染昏睡病。

然而，當人類開始飼養家畜，便出現了不僅對家畜有致病性且能感染人類的錐蟲亞種，也就是羅得西亞錐蟲與甘比亞錐蟲。這兩種亞種感染家畜後發生變異，獲取人類對於APOL1蛋白的抗性，因此也能感染人類。不過，具有APOL1基因變異的人也開始產生兩種錐蟲亞種都難以分解的APOL1蛋白，使他們能夠抵抗錐蟲的感染。

可怕的采采蠅

由此可知，非洲地區至今仍存在難以治療的傳染病，已確切威脅到了人們的生命與生活。

距今約二十年前，我去肯亞度蜜月時，也被不知名的蟲子咬過。我當時還是醫學生，腦袋裡裝的淺薄醫學知識便在腦海裡構成了一套思考迴路：「我被采采蠅叮了＝我會得昏睡病＝我沒救了。」之後再也沒心情享受旅遊。我太太到現在還會拿這件事來取笑我：「你那時候被蒼蠅叮了，就一直躲在蚊帳裡悶悶不樂。」其實當時回到日本後，我依然擔心昏睡病會不會發作。

能夠抵抗嚴重傳染病的基因，儘管使人面臨SLE或是腎衰竭等重症的發病風險，仍然經過天擇傳承下來。這種疾病的存在，顯示了人類如何在嚴苛的自然法則中生存。

註釋

1 *Nat Commun* 2014; 5: 3535。
2 *J Exp Bio* 2012; 215: 736。
3 磯部裕幸《アフリカ眠り病とドイツ植民地主義》，みすず書房。
4 譯註：日本醫學家及微生物學家，亦是二〇二四年新發行的千圓紙鈔上的肖像人物。
5 医学のあゆみ 2017; 263: 2: 174。

第6章　演化醫學的概念

流行病選擇自體免疫基因

如前面所提到的，這世界不只有瘧疾，還有流行性感冒、伊波拉出血熱、非洲昏睡病等各種嚴重的傳染病，人類便是透過天擇傳承具有抗性的基因而得以存活。這也是產生自體免疫疾病風險基因原因。

假設某個地區有一座村莊住了一百人，村裡爆發了嚴重的地區性傳染病大流行，各人感染傳染病的存活機率分別是百分之七十五、五十、二十五和零。疫情爆發後，村裡的人口結構大幅改變。所有感染這種傳染病且存活機率為零的人都會死亡，另一方面，存活機率為百分之七十五和五十等的人，有些會死亡，有些則是經由天擇而存活下來。因為疫情爆發導致人口遽減的時點，稱為瓶頸效應（bottleneck effect）。瓶頸效應過後，村裡對傳染病有抵抗力的人相對增加。他們的基因可能較容易活化免疫系統，並且對傳染病具有抵抗力，但也存在罹患自體免疫疾病的隱憂。

此外，假設疫情過後，村裡有一對具有自體免疫疾病風險基

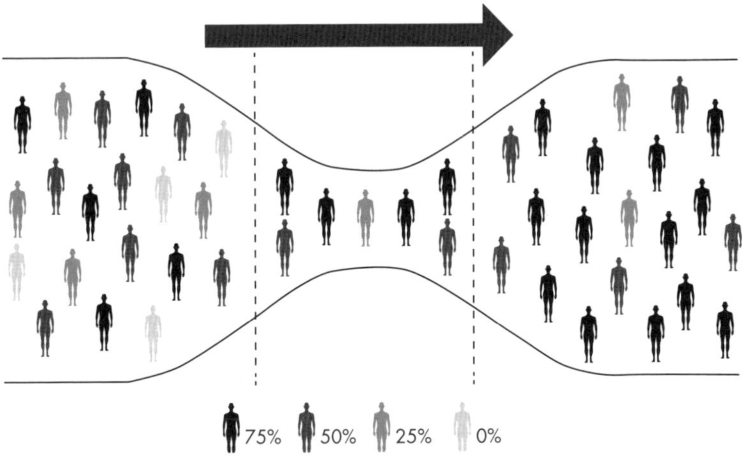

疫情流行造成人口遽減（瓶頸效應），因此改變了村裡的人口結構，對傳染病有抵抗力的個體增加。

編輯自 *Trends Immunol* 2019; 40: 1105

圖19／疫情流行所產生的瓶頸效應

因的男女結了婚，他們所生的四個孩子中，有一人會繼承父母雙方的風險基因，因此罹患自體免疫疾病的風險相當高；另外有兩人罹患自體免疫疾病的風險與父母差不多；還有一人並沒有繼承父母雙方的風險基因，這名孩子罹患自體免疫疾病的風險較低，儘管他的父母都是傳染病的倖存者，但是當他感染同一種傳染病時，仍會面臨死亡的風險。

由此可知，具有風險基因的人若是互相交配，自體免疫疾病的風險基因就會結合，導致一些後代子孫有可能面臨自體免疫疾病的發病風險。[1]

多變的自體免疫疾病

觀察SLE等自體免疫疾病風險基因的分布情況，會發現基因分布有明顯的區域差異。[2]這些基因有可能是因為各地爆發嚴重傳染病疫情造成瓶頸效應，能對抗傳染病但容易引發自體免疫疾病的基因便透過天擇傳承下來。

自體免疫疾病就是這些因素的集合體，是由各地天擇傳承下來的複數風險基因組合而成的多基因疾病。

即便用一種病名囊括所有自體免疫疾病，例如SLE，每個患者的發病原因及症狀也可能大相逕庭，因為引發疾病的基因遺傳背景因人而異。

節約基因與肥胖、糖尿病

如前面所提到的，傳染病對基因的天擇，即是現代人罹患自體免疫疾病的原因。近幾年來的基因研究表明，形形色色的疾病中，與自體免疫疾病有關的基因受到天擇的影響最為深刻，[3]可見傳染病無庸置疑是嚴重影響人類生存的因素。

不過，除了傳染病以外，還有一項重要因素會嚴重影響古代人類的生存——也就是飢餓。原始人在追逐及狩獵動物時，常會受到氣候與季節的影響而長期無法取得食物。因此，是否擁有耐得住飢餓的體質，即是攸關生存的關鍵。

攸關人類生存的飢餓相關基因，會影響到現代哪些疾病？據認為是肥胖與糖尿病[4]等現代生活習慣病。

當古代人類因食物匱乏而面臨饑荒，其中有些人的基因較容易將營養轉化為脂肪或糖分儲存在體內，他們便擁有更多的生存機會。然而，現代社會由於食物豐富，如今認為人體對於飢餓的抗性基因可能會導致肥胖及糖尿病，這種基因稱為「節約基因」（thrifty gene，即飢餓基因）。

舉例來說，玻里尼西亞諸島上的肥胖人口相當多，這是為了承受長途航行並且依靠星象前往各個島嶼，而易於儲存營養的體質便成了經由天擇傳承下來的優良基因。儘管現代社會以纖瘦為美，可是在古老的大航海時代，玻里尼西亞人才是最偉大的領航人。

演化醫學的概念

如上所述，在人類的漫長歷史中，為了捱過傳染病與飢餓，形形色色的基因會經由天擇傳承下來。不過，根據演化醫學（Darwinian medicine）的概念，過去對生存有利的基因，在環境不變的現代，可能是造成現代人罹患自體免疫疾病、過敏或是肥胖與糖尿病等疾病的原因。

引發自體免疫疾病與糖尿病的基因，無疑是現代社會的棘手問題。然而，如果發生全球大流行疫情或糧食危機等重大事件，很可能只有具備這種基因的人才得以存活。大自然是一個精妙無比的生態系統，它齊備了各式各樣的基因，即便天有不測之風雲，人類也能透過天擇傳承基因而活下去。

繼承這些基因而患病或許令人感到無可奈何，但想到這是祖先當年在傳染病肆虐及飢餓等嚴苛環境中拚死傳承至今的基因，這一點便值得後人追思緬懷。我認為這能幫助人們接受自己的根源，並且積極面對人生。

話雖如此，自體免疫疾病一旦發病，仍是十分棘手。就算人類為了以防萬一而將這些基因傳承下來，難道不能讓它們消聲匿跡（潛伏而不發作）嗎？關於這一點，下一章會再繼續說明。

註釋

1 *Trends Immunol* 2019; 40: 1105。

2 *Autoimmune Dis* 2014; 2014: 203435。

3 *Am J Hum Genet* 2013; 92: 517。

4 這裡所說的糖尿病，並不是自體免疫疾病所引起的第一型糖尿病，而是生活習慣所造成的第二型糖尿病。

第 II 部

免疫與環境

——命運迴異的雙胞胎姊妹——

莎拉與馬拉拉的命運為何截然不同？

出生在印度貧民區的同卵雙胞胎姊妹

莎拉與馬拉拉出生在印度的貧民區，她們因為是私生女而遭到母親遺棄，於是收容在基督教會的孤兒院裡。後來由一對膝下無子而想領養孩子的富有英國夫婦，分別在莎拉出生後三個月以及馬拉拉五歲時收養她們，並帶回英國撫養。

出生後三個月即由英國養父母收養的姊姊莎拉

收養莎拉的英國夫婦是虔誠的基督徒，在她身上盡心盡力。從零歲起就在英國生活的莎拉，不僅說得一口流利英語，更因為發揮了印度人優異的數理能力，以第一名成績自劍橋大學畢業。大學畢業後，莎拉在一間跨國證券公司工作，她在這裡也能一展長才而平步青雲，前途一片榮景。然而，就在她忙著為一場重要業務準備簡報時，身體卻突然在幾個星期裡出了狀況。一開始的症狀是發燒與咽喉痛，莎拉以為自己只是感冒而不以為意。但是後來手腳都出現像被動物咬過的皮疹，手指關節也變得腫脹，接著是發燒與疲憊乏力。替她看診的家庭醫師覺得「不太對勁」，於是介紹她去綜合醫院。經過醫院的專科醫師診斷，莎拉才知道自己罹患的是聽都沒聽過的疾病——全身性紅斑狼瘡（SLE）。

五歲才到英國的妹妹馬拉拉

我們不清楚那對英國夫婦為什麼當年沒有在莎拉三個月大的時候，一併收養她的同卵雙胞胎妹妹馬拉拉，馬拉拉因此在印度的孤兒院待到五歲。命運多舛的馬拉拉，在三歲時感染瘧疾。她持續發高燒超過一星期，後來併發腦病變而留下後遺症，語言能力及左手因此有些障礙。馬拉拉五歲時，莎拉的養父母也收養了她，並帶她移居英國。由於五歲才到英國生活，馬拉拉在學校學習語言時吃了不少苦頭。再加上腦病變的後遺症造成左手及語言能力障礙，她在學校不僅被欺負，成績也並不出色。因為這些緣故，馬拉拉高中畢業後沒有唸大學，而是在鄰近的印度餐廳工作。她在那裡遇見了未來的丈夫，他是同樣來自印度的第二代移民，於是兩人年紀輕輕便結了婚，並誕下四名孩子。

後來的莎拉與馬拉拉

莎拉原本是事業有成的女強人，由於SLE發病，使她經歷了一段艱難的時期。不過，當她接受治療並恢復健康，便回到原來的公司繼續衝刺事業。

至於馬拉拉，雖然不是大富大貴，但她和丈夫與四名孩子過著簡樸幸福的家庭生活，終其一生都沒有罹患SLE。

第7章 「清潔」這種病

命運為何截然不同？

莎拉與馬拉拉是同卵雙胞胎，兩人的基因幾乎完全相同，但是莎拉罹患了SLE，馬拉拉並未發病，兩者間的差異到底從何而來？

事實上，基因幾乎完全相同的同卵雙胞胎，罹患同一種自體免疫疾病的機率，通常約為百分之三十至四十。換句話說，遺傳因素雖然會使人容易罹患自體免疫疾病，但是單憑基因並不能決定一切。既然如此，究竟還有哪些因素決定自體免疫疾病是否發病？

答案是「環境」。就算擁有自體免疫疾病的風險基因，將來是否會罹患自體免疫疾病仍取決於成長環境。

那麼，莎拉與馬拉拉的成長環境有何不同？兩姊妹的差別在於莎拉三個月大時就被英國養父母收養，而馬拉拉直到五歲才跟他們一起生活。除此之外，馬拉拉三歲時感染過瘧疾。這些因素對兩姊妹的免疫系統有什麼影響？

接下來，我想從「衛生假說」的觀點來思考，為何莎拉與馬拉拉在自體免疫疾病發病與否這方面會有不同的命運。

什麼是衛生假說？

「衛生假說」是大衛・斯特羅恩（David Strachan）博士在一九八九年提出的概念，其認為「童年時若是在衛生條件較差的環境中成長，可避免長大後引發過敏或自體免疫疾病」。這項假說最初是針對過敏疾病提出的，不久後即擴展到與過敏同樣是由免疫系統過度活躍所引起的自體免疫疾病。「衛生假說」常用來解釋近年來傳染病減少與自體免疫疾病增加之間的反比關係。[1]

傳染病與自體免疫疾病之間的反比關係

人類長久以來，在與傳染病的抗爭中束手無策。世界各地的文化中，均留下了祈禱瘟疫退散的記載，或者人們不敵瘟疫無奈接受命運的故事。

然而，距今約兩百年前，人類與傳染病的關係發生了重大改變——一七九六年愛德華・金納（Edward Jenner）發明天花疫苗，一九二八年亞歷山大・佛萊明（Alexander Fleming）發現抗生素。因為接種疫苗，一九八〇年天花被宣布從世上滅絕；因為發現抗生素，從前被視為致命疾病的肺炎等細菌感染症，如今已是能夠治癒的疾病。

事實上，如圖表所示，自一九五〇年代以降的數十年間，麻疹與豬頭皮（流行性腮腺炎）、A型肝炎、結核病等傳染病的發生率，整體來看下降趨勢十分明顯。[2]

但是另一方面，有些疾病反而在傳染病減少之際不斷增加，例如多發性硬化症、克隆氏症、第一型糖尿病等自體免疫疾病，以及支氣管性氣喘等過敏疾病。這些疾病都是在一九五〇年代以後遽增。

這兩者之間究竟有何關聯？

傳染病肆虐地區與自體免疫疾病好發地區

從地圖來看，傳染病肆虐地區與自體免疫疾病好發地區也具有互補關係。非洲、南美、南亞等地，是結核病、A型肝炎、由沙門氏桿菌（Salmonella）以及大腸桿菌等細菌引

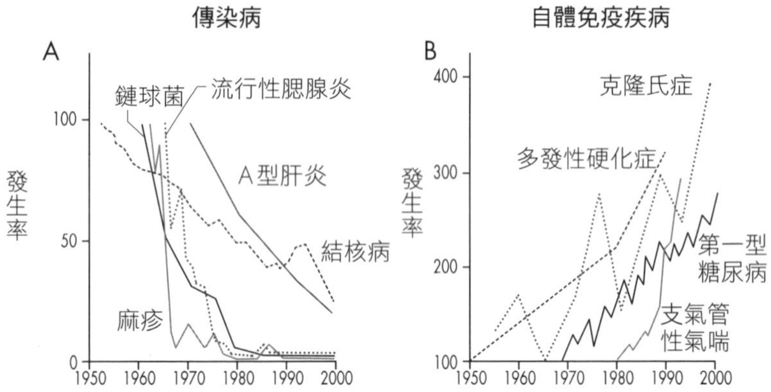

改編自 *Proc Natl Acad Sci* 2017; 114: 1433

圖20／傳染病的發生率與自體免疫疾病的發生率

起的傳染性腸胃炎的肆虐地區；另一方面，西歐、北歐、美國和加拿大等地幾乎不見這些傳染病的蹤跡，但是罹患多發性硬化症與第一型糖尿病等疾病的機率非常高。[3]

將傳染病肆虐地區與自體免疫疾病好發地區相重疊，會發現這兩類地區就像拼圖一樣完美契合。也就是說，先進國家的傳染病已經減少，而這些地區裡的自體免疫疾病卻不斷增加。

是因為生活在各個地區的人們存在種族或基因上的差異嗎？斯特羅恩博士指出，這可能不是基因差異所導致，而是改善衛生條件以減少傳染病發生的「環境變化」所造成。

老么不容易罹患過敏疾病？

斯特羅恩博士曾對一九五八年出生的一萬七千名兒童展開長達二十三年的追蹤研究，結果發現一起生活的兄弟姊妹人數愈多——尤其是哥哥姊姊愈多的兒童——將來罹患花粉症或支氣管性氣喘等過敏疾病的機率就愈低（也就是老么較不容易罹患過敏）。後續追蹤了五十二個國家共五十萬名兒童，同樣證實了這一點。

再者，有養寵物的人，特別是養狗的人，罹患過敏疾病的機率也較低。此外，生長在農家的兒童，或者小時候曾在農場住過的兒童較不容易罹患過敏疾病。陸續有報告指出，小時候若是用過廣效抗生素（Broad-spectrum antibiotic，具有廣範圍殺菌效果的抗生素），將來較容易罹患過敏疾病。

後來根據這項觀點，將研究範圍擴大到與過敏疾病同樣由於免疫系統失控所引發的自體免疫疾病，也得到相同的結果。也就是說，兄弟姊妹人數少的兒童，尤其是第一個

- 兄弟姊妹人數多。
- 以自然分娩方式出生。
- 喝母乳長大。
- 在衛生條件較差的環境下成長。
- 甚少使用抗生素。
- 有養動物。

圖21／從統計學觀點來看自體免疫與過敏疾病發生率較低的生活環境

出生的孩子，不僅容易罹患支氣管性氣喘等過敏疾病，第一型糖尿病與多發性硬化症等自體免疫疾病的發病機率也較高。

東德市民的命運

一九八九年柏林圍牆倒下，也揭露了一些耐人尋味的發現。柏林圍牆倒下前，西德的經濟狀況比東德好，西德人的居住環境也比東德人乾淨許多。此外，東德由於燃燒煤炭等因素，造成的空氣污染問題遠比西德嚴重。然而，東德、西德兩地人民相比，住在西德的人更容易罹患支氣管性氣喘等過敏疾病。

柏林圍牆倒下後，隔年東西德統一，東德的衛生環境因此大幅改善。不過，隨著藩籬不再，東德人罹患異位性皮膚炎或支氣管性氣喘等過敏疾病的案例愈來愈多。過敏疾病的發病機率也因東德人的出生年份而有極大差異。柏林圍牆倒下之際，三歲以上的東德人罹患過敏的案例並沒有增加，但是圍牆倒下後才在東德出生的人之中，罹患過敏疾病的卻不少。[4]

兩個卡累利阿

跨越芬蘭東南方至俄羅斯西北方，有一片美麗的森林及湖泊景致，稱為卡累利阿（Karelia）。卡累利阿可謂芬蘭人的心靈故鄉，作曲家尚・西貝流士（Jean Sibelius）以及眾多芬蘭藝術家都曾以此地為題材創作作品。這片區域自中世紀以來，便是瑞典王國與俄羅斯帝國爭奪霸權之地，如今西部在芬蘭獨立後屬於芬蘭，東部則屬於俄羅斯聯邦的卡累利阿共和國。

從遺傳學的角度來看，分別住在卡累利阿的芬蘭屬地與俄羅斯屬地的居民屬於同一個民族，不過，兩地的生活環境卻大相逕庭。芬蘭屬地的卡累利阿，當地人過著衛生條件較佳的都市生活；另一方面，俄羅斯屬地的卡累利阿以農業為主，衛生條件遠不如芬蘭屬地。

然而，若是從自體免疫疾病之一的第一型糖尿病得病機率來看，芬蘭屬地的卡累利阿居民竟然比俄羅斯屬地的卡累利阿居民高出六倍左右。

移民研究

此外，針對移民的研究也有了重大發現。一般認為，印度、巴基斯坦、東南亞等衛生條件較差的國家，第一型糖尿病的發病風險較低。但是當這些國家的人民移居美國、歐洲等衛生條件良好的國家時，第一代移民罹患第一型糖尿病或多發性硬化症的風險約高出三倍。[5]除此之外，透過研究也得知，移居時的年齡也會影響發病機率。換句話說，在某個年齡之前移居（五歲之前移居容易罹患支氣管性氣喘，十五歲之前移居容易罹患多發性硬化症），較容易罹患過敏疾病或自體免疫疾病。

機會之窗

根據上述研究，自體免疫疾病或過敏疾病發病與否，不僅取決於遺傳傾向（genetic predisposition），也與環境息息相關。再者，決定這些移民是否會罹患自體免疫疾病的，還有年齡這扇「機會之窗」（window of opportunity）。換句話說，嬰幼兒時期在衛生條件較差的環境中成長，對於降低自體免疫疾病或過敏疾病的發病機率似乎具有終生效果。

再談薩丁尼亞島

對於薩丁尼亞島的研究，再次獲得了耐人尋味的成果。

如前面所提到的，座落於地中海的薩丁尼亞島，直到一九五〇年仍飽受瘧疾威脅，因此成了地中海型貧血（thalassemia）等與瘧疾有關的遺傳性疾病的好發地區。

不過，自一九五〇年消滅瘧疾後，這座小島上罹患多發性硬化症、第一型糖尿病或ＳＬＥ等自體免疫疾病的案例愈來愈多。所以這座義大利小島成立了免疫疾病研究中心，著手進行第二章所提到的有關自體免疫疾病的基因研究。

換句話說，這座小島是經過瘧疾天擇的結果。我們可以親眼目睹，消滅瘧疾所造成的環境變化如何影響薩丁尼亞島。

研究認為，薩丁尼亞島上的居民為了抵抗瘧疾感染，因而傳承了可能罹患自體免疫疾病的風險基因。在瘧疾流行期間，這種風險基因並不會導致自體免疫疾病的案例明顯增加，但是隨著瘧疾消滅，自體免疫疾病的案例就會陸續浮現。

也就是說，感染瘧疾促進了自體免疫疾病風險基因的天擇，同時也具有預防自體免疫疾病的效果。

感染瘧疾的人不容易罹患SLE

第一部為各位說明了歷經數代的瘧疾感染會經由天擇留下瘧疾抗性基因，而這種基因可能會增加SLE的發病風險。但另一方面，具有瘧疾抗性基因的人若是在小時候感染瘧疾，長大後便不容易引發SLE。

早在一九七〇年代的動物實驗研究報告即指出，讓SLE實驗鼠感染瘧疾，不容易引發SLE。[6]

NZB/W-F1實驗鼠是由兩種帶有自體免疫疾病風險基因的實驗鼠（NZB小鼠與NZW小鼠）交配產下的後代（F1品種），SLE的發病機率高達百分之九十七，出生後約六至八個月即出現抗核抗體，同時併發腎臟炎。這批實驗鼠在十一個月大時幾乎都會死亡，不過，若是讓實驗鼠在一個月大時感染瘧疾，不僅不會出現抗核抗體與腎臟炎，所有實驗鼠在十一個月大時依然存活。

流行病學的研究資料也支持這項結論。前面提到了來自非洲或南美等瘧疾流行地區的人，由於透過天擇傳承了SLE的風險基因，因此比歐洲人更容易罹患SLE，也很容易惡化成重症。然而，這種情況僅限於住在歐洲或美國的非裔族群，住在非洲的非洲人反而甚少罹患SLE等自體免疫疾病。[7]

如第一部所提到的，當一個族群數代以來都受到嚴重傳染病侵襲，經由天擇傳承下來的傳染病抗性基因有可能增加罹患自體免疫疾病的風險。不過，繼承抗性基因的人，若是在幼年時期遭到宿敵傳染病感染，本身帶有的抗性基因不僅會幫助他們戰勝傳染病，罹患自體免疫疾病的風險也會消失於無形。抗性基因與傳染病之間的關係就是如此不可思議，我們人類的免疫系統便是透過保持微妙的平衡，適應著傳染病環伺的世界。

幼年時期感染過，就能預防自體免疫或過敏疾病嗎？

抗性基因與傳染病之間的關係，僅適用於瘧疾與ＳＬＥ嗎？根據斯特羅恩博士的研究結果，我並不這麼認為。幼年時期在衛生條件差的環境中成長而接觸過各種傳染病，不但能增加對於傳染病的抵抗力，將來也有可能預防過敏或自體免疫疾病。既然如此，為什麼幼年時期感染過傳染病，將來就能預防自體免疫疾病呢？下一章會與各位一起探討其中的機制。

註釋

1 *Nat Rev Immunol* 2018; 18: 105。
2 *Proc Natl Acad Sci* 2017; 114: 1433。
3 *Nat Rev Immunol* 2018; 18: 105。
4 *Lancet* 1998; 351: 862。
5 *BMJ* 1992; 304: 1020。
6 *Nature* 1970; 226: 266。
7 *Lancet* 1968; 2: 380, Lupus 1995; 4: 176。

第8章 昭和時代小孩流「綠鼻涕」的秘密

幼年時期遭到病毒感染不容易惡化成重症

如眾所周知，若是在幼年時期接觸過各式各樣的病毒性疾病，症狀會比較輕微；成年後才感染則很容易惡化成重症。

例如A型肝炎，是由A型肝炎病毒所引起的急性肝炎，生吃被病毒污染的魚貝類就會遭到感染。在衛生環境惡劣的發展中國家，患者大多是在嬰幼兒時期被感染，但是這些地區的肝炎發生率相當低，也沒有引發大流行。若是在幼兒時期感染A型肝炎，其中百分之八十至九十五會在無症狀的情況下痊癒。另一方面，成年後首次感染A型肝炎病毒的話，首先會經歷發燒、嘔吐及全身倦怠不適，數天後便出現黃疸等症狀。年齡愈大愈容易惡化成重症，在罕見情況下，甚至會引起猛爆性肝炎或腎衰竭而死亡。換句話說，當衛生條件隨著都市化進展而改善，愈來愈多成年人從未感染過A型肝炎，使得A型肝炎的案例顯著增加。

一般常見的痲疹、流行性腮腺炎與水痘等傳染病也是如此，在幼年時期感染過，症狀不會太嚴重，成年後才感染很容易惡化成重症。舉例來說，幼年時期感染流行性腮腺炎，頂多出現腮腺腫大、發燒等症狀，但是成年男性一旦感染，可能會併發睪丸炎而導致男性不孕症。水痘也一樣，成年後首次感染容易惡化成重症，住院機率會比兒童高出三至十八倍，併發肺炎的機率也高出十一至二十倍。

由此可知，大多數病毒性疾病，幼年時期感染時的症狀會比成年後才感染時輕微許多。原因是這些嚴重的症狀並不是感染所致，而是由於過度活躍的免疫反應所引起。因此，若是成年後首次感染不曾接觸過的病毒，免疫系統可能會因為措手不及而失控。

成年後才感染病毒是自體免疫疾病的成因

若是成年後才遭到病毒感染，身體的免疫系統容易失控，也就是說，病毒感染可能引發自體免疫疾病。

舉例來說，幼年時期若是感染了微小病毒（parvovirus）所引起的傳染性紅斑症，除了出現發燒、喉嚨痛等症狀以外，由於這種傳染病還會使臉頰泛紅，看起來就像可愛的紅蘋果，所以也稱為「蘋果病」。不過，成年後首次感染微小病毒，會引發疑似類風濕性關節炎的症狀，因此被列為診斷類風濕性關節炎的重要參考依據。家中有小孩的年輕女性若是因為急性關節炎而去醫院看病，風濕病專科醫師肯定會詢問：「您的孩子就讀的幼稚園，有沒有流行蘋果病？」微小病毒不僅會引發傳染性紅斑症，也會導致紫斑症、手腳乳膠過敏症、腎絲球腎炎等各種自體免疫疾病。[1] 換句話說，成年後首次感染病毒，有可能引發自體免疫疾病。

由此可知，幼年時期接觸過各種傳染病，可以減少成年後首次感染這些病毒的風險，也有可能降低自體免疫疾病的發病風險。

幼年時期遭到感染，有助發展出防止免疫系統過度反應的機制

研究指出，幼年時期罹患傳染病，之所以能降低自體免疫疾病的發病風險，是因為感染過傳染病有助於活化免疫系統的機制，同時也能發展出抑制免疫反應過度活躍的機制。

幼年時期曾被病毒感染，有助於刺激T細胞活化，提高免疫反應，並藉此消滅感染性微生物。不過，為了避免發炎加劇反過來攻擊「自己」，這時候便需要一種機制防止免疫反應過度活躍。

其中最具代表性的機制就是「調節性T細胞」（regulatory T cells）。

什麼是調節性T細胞？

T細胞是「免疫系統的指揮中心」，可下達指令指揮各種細胞攻擊感染性微生

物。T細胞鎖定攻擊目標後，就會命令其他細胞同時發動攻擊，例如T細胞會命令B細胞製造「抗體」飛彈，並要求巨噬細胞散播發炎物質（發炎性細胞激素）。

然而，T細胞若是在此時誤把自己當成敵人，下達攻擊指令，那就大事不妙了。因此，為了避免誤傷自己，便需要擔任警察角色的T細胞加以管控，也就是「調節性T細胞」。這種細胞約佔所有T細胞的百分之五至十。

若是將「調節性T細胞」從生物體內去除，便無法抑制T細胞攻擊自身，導致各種自體免疫疾病。事實上，自體免疫疾病患者的調節性T細胞數量並不多，因而難以發揮作用，尤其是SLE患者的調節性T細胞數量相當少，所以才會引發全身性自體免疫疾病。

如今已發現「調節性T細胞」不僅與自體免疫疾病有關，也與癌症免疫、移植免疫、母子免疫、過敏疾病等各種免疫現象息息相關，堪稱「免疫系統的守護神」。

發現調節性T細胞

坂口志文博士於一九九五年發現，作為免疫系統指揮中心的T細胞之中，存在著擔任警察角色的「調節性T細胞」，負責抑制免疫反應，預防自體免疫疾病。[2]

一如免疫學家保羅・埃爾利希博士在「恐怖的自體毒性」概念中所提到的，人體若是沒有一套防止免疫系統異常活化的機制，所有人都會罹患自體免疫疾病。因此，他一開始便認為一定存在能夠抑制免疫反應的T細胞。

關於抑制免疫反應的T細胞，原先的構想是：活化的作用型T細胞（effector T cell，擅

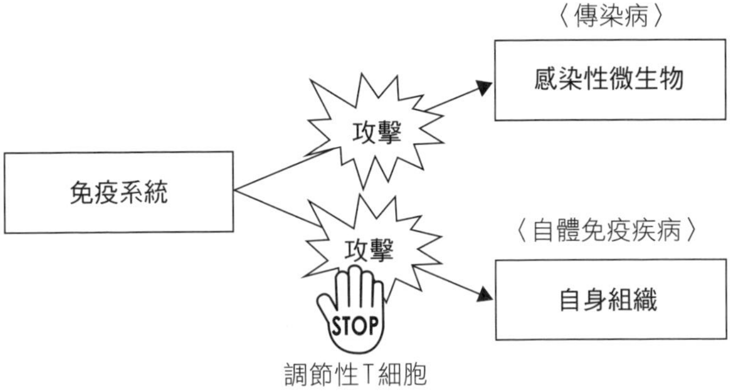

圖22／調節性T細胞

長攻擊的T細胞），最終會轉變為抑制免疫反應的T細胞嗎？這是日本的多田富雄博士等人所提出的「抑制性T細胞」（suppressor T cells）概念。[3]這項概念十分耐人尋味。不過，由於始終找不到能夠識別抑制性T細胞的基因，「抑制性T細胞」便因為無法驗證其存在而消逝在歷史中。

但是在一九九五年，坂口志文博士提出了「T細胞並沒有轉變，而是原本就在胸腺發育成熟的T細胞中，有一些天生就扮演著警察的角色」。坂口博士因此將這類T細胞命名為「調節性T細胞」。他後來也發現能夠識別調節性T細胞的標記，甚至辨識出調節性T細胞中起作用的基因，證明了這種細胞的存在。自從辨識出基因，有關調節性T細胞的研究頓時如雨後春筍般湧現，如今已知調節性T細胞就是人體內預防自體免疫疾病的核心機制。

人體內具有抑制免疫反應的T細胞，這項概念總算在熬過了漫長寒冬之後得以驗證。

細菌感染會誘發調節性T細胞

發生傳染病時，T細胞會被活化來對抗微生物，但是具有抑制作用的調節性T細胞也會在此時變強大。研究認為，這是為了避免成年後感染新的傳染病時，免疫系統異常活化而引發自體免疫疾病。

舉例來說，在第一型糖尿病的動物實驗中，NOD小鼠是有自發性糖尿病的實驗鼠。將這種小鼠在無菌狀態中飼養，或者是沒有特定病原菌的SPF（Specific pathogen free）清淨環境中，有九成機率會罹患自發性糖尿病。但是將這種小鼠飼養在非SPF的骯髒環境中，則不會引發糖尿病。也就是說，這種小鼠只有飼養在乾淨的環境中才會引發第一型糖尿病。

接著讓飼養在乾淨環境中的NOD小鼠感染細菌，或者注射細菌細胞壁的主要成分脂多醣（LPS），結果小鼠並沒有引發糖尿病。由於小鼠注射LPS後，體內的調節性T細胞數量增加，於是將調節性T細胞取出來注射到飼養在乾淨環境中的另一批NOD小鼠身上，發現可預防糖尿病。

換句話說，經由細菌感染誘發的調節性T細胞可預防自體免疫疾病。

幼年時期的「機會之窗」

研究表明，除了誘發調節性T細胞以外，還有各種其他機制也能抑制感染所引起的自體免疫疾病。不過，為了避免感染造成免疫反應過度活躍而引發自體免疫疾病，培養預防機制的時機也非常重要。

例如造成嬰幼兒夏季感冒的皰疹性咽峽炎（herpangina），主要是由柯薩奇病毒（Coxsackie virus）所引起。但是在極少數情況下，有些患者會因為感染柯薩奇病毒而引發第一型糖尿病或心肌炎等自體免疫疾病。科學家為此進行了動物實驗，讓NOD小鼠感染柯薩奇病毒，觀察是否引發第一型糖尿病。

結果發現，出生四週的NOD小鼠感染柯薩奇病毒後，反而不容易引發第一型糖尿病，可見感染這種疾病會觸發某種抑制免疫反應的機制。然而，出生十五週的老年

NOD小鼠感染柯薩奇病毒後，糖尿病症狀卻變嚴重。[4]

也就是說，由於感染具有活化免疫系統的作用，如果在攻擊自身的T細胞佔優勢的情況下遭到感染，反而有可能增加發病機率。因此，對於已經患病的患者必須更謹慎，因為病毒感染是病情加重的主因。

由此可知，感染具有相反的兩種作用，一是活化免疫系統，二是藉由感染培養預防機制；感染的時機不同，發揮的作用也截然不同，所以幼年時期的「機會之窗」十分關鍵。

昭和時代小孩流「綠鼻涕」的意義

現代已經很少見到這種情況，但是在昭和時代，[5]小孩子流綠鼻涕是司空見慣的情景。我也是昭和年間出生的，記得班上有一個同學特別容易流綠鼻涕。這些小孩的袖口因為擦綠鼻涕的關係總是皺皺乾乾的，而被身邊的小孩「骯髒鬼、骯髒鬼」地嘲弄著。

當鼻腔遭到病毒或細菌感染，就會流出綠鼻涕。據認為，從前的小孩生活在稠密的環境裡，日常生活中不時接觸各種病毒與細菌感染，鼻腔也因為經常與這些病毒及細菌打交道而活化免疫系統，同時培養抑制免疫反應的機制。因此，當他們長大後，便有可能降低罹患過敏疾病或自體免疫疾病的風險。

綠鼻涕的主要成分是黏蛋白（mucin）。產生黏蛋白的能力對於預防感染極為重要，因此，無法產生黏蛋白的實驗鼠會因為呼吸道感染而早死。另一方面，由於基因變異而產生大量黏蛋白的人，較容易罹患由自體免疫引起的間質性肺炎，[6]以及屬於過敏疾病的支氣管性氣喘等疾病。[7,8]

在抗生素尚未問世的年代，幼年時期若是感染細菌性的肺炎、中耳炎或鼻竇炎等疾病，僅是如此就有可能致命。流著一堆綠鼻涕的小孩，反而更有機會存活。話雖如此，會流一堆綠鼻涕的人，長大後將面臨間質性肺炎或支氣管性氣喘的發病風險。也就是說，即便擁有相同的基因，在某個環境中有利於生存，在另一個環境中則不利於生存。

在現代，罹患自體免疫疾病或過敏疾病的人數暴增。我不禁覺得，自從看不到流著綠鼻涕的小孩，便發生了這種情況。因為基因變異而能產生大量綠鼻涕黏蛋白的小孩，如果在幼年時期經常因感冒而流了一堆綠鼻涕，是否真的能預防自體免疫或過敏疾病，這一點尚待證實。不過，「衛生假說」所提出的流行病學實例，顯示這是有可能的。

註釋

1 日本臨床免疫学会会誌 2008; 31: 6: 448。

2 *J Immunol* 1995; 155: 1151。

3 *J Immunol* 1972; 108: 586、多田富雄《免疫の意味論》，青土社。

4 *J Virol* 2002; 76: 12097、Virology 2004; 329: 381。

5 譯註：日本昭和天皇在位時所使用的年號，時間為一九二六年十二月二十五日至一九八九年一月七日。

6 間質性肺炎，指的是由於各種因素造成單薄的肺泡壁發炎及受損，或者肺泡壁變硬變厚（纖維化），導致氣體交換出現障礙的肺炎。

7 研究報告指出，產生黏蛋白的基因中，間質性肺炎（會併發特發性肺纖維化〔ＩＰＦ〕、類風濕性關節炎或抗嗜中性白血球（neutrophil）相關的血管炎（ANCA）與MUC5B基因變異有關，支氣管性氣喘則與MUC5AC基因變異有關。

8 *N Engl J Med* 2011; 364: 1503、*Nature* 2014; 505: 412。

第9章　「老朋友」寄生蟲

根據「衛生假說」的概念，幼年時期罹患傳染病，會降低長大後罹患自體免疫疾病或過敏疾病的風險。同時，各式各樣的傳染病中，由寄生蟲[1]這類與人類共存的病原微生物所引起的感染，更是預防過敏疾病與自體免疫疾病的重要關鍵。這種概念即稱為「老朋友假說」（Old friends hypothesis）。[2]

寄生蟲的生存戰略

寄生蟲感染在預防自體免疫疾病與過敏疾病方面特別有用，原因即在於寄生蟲獨特的生存戰略。

寄生蟲無法獨自存活，它若是殺死感染的宿主，自己也會失去寄生之處。儘管有些寄生蟲會引發瘧疾那樣嚴重的症狀，但是大部分寄生蟲只會在感染宿主之後潛伏體內，不會引起太大動靜。所以寄生蟲在潛伏期間，必須發展出抑制宿主免疫反應的機制，以免遭到人類免疫系統攻擊與排斥。因此，經由寄生蟲感染而誘發的抑制免疫反應作用，可能有助於預防自體免疫疾病與過敏疾病。

動物實驗報告也證明，SLE與第一型糖尿病的動物實驗中，讓實驗鼠感染瘧原蟲、日本吸血蟲與血絲蟲等各種寄生蟲較不會引發這些疾病。其中一項機制，便是寄生蟲感染可誘發調節性T細胞。寄生蟲藉著誘發調節性T細胞，讓自己不會遭到宿主排斥，進而預防宿主罹患自體免疫疾病。

研究報告指出，寄生蟲感染除了誘發調節性T細胞以外，也具有誘發多種抑制免疫反應物質的作用。

人類與寄生蟲共存

人類從遠古時代，便與寄生蟲朝夕相處。

例如蛔蟲、絛蟲或弓形蟲等寄生蟲，是以貓科動物為自然宿主。發現於西伯利亞永凍土中、約一萬年前滅絕的穴獅（*Panthera spelaea*）糞便裡，也檢測出絛蟲等寄生蟲的基因。當時缺乏自行狩獵能力的古代人類，或許便是以這些古代貓科動物所獵殺的動物殘骸為食。據說古代人特別喜愛吸食骨髓，因為富含脂肪的骨髓是難得的營養品。因此，從貓科動物啃食過的獵物身上殘留的寄生蟲卵來看，據信當時的人類也已遭到感染。

其後進入農耕時代，人類開始飼養貓、豬、雞等家畜，寄生蟲感染率頓時暴增。研究報告指出，從厄瓜多的狩獵採集民族與農耕民族的寄生蟲感染率來看，農耕民族遭寄生蟲感染的人數遠遠超出狩獵採集民族。

由此可知，人類長久以來即與寄生蟲共存。因此，寄生蟲與人類為了維持共存狀態，彼此都在這漫長的歲月裡改變了免疫系統。

消滅寄生蟲導致自體免疫或過敏疾病增加

如今的時代，發展中國家仍有半數以上的人口感染某種寄生蟲，而這些國家的自體免疫或過敏疾病患者並不多。但是，研究報告指出，非洲加彭等多個國家由於消滅寄生蟲，反而使罹患異位性皮膚炎等疾病的人數增加。

換句話說，寄生蟲誘發的某種機制，具有抑制過敏疾病或自體免疫疾病的作用。一旦寄生蟲消失，即有可能導致這些疾病增加。

各式各樣的研究即依循這項概念展開，例如透過感染寄生蟲或注射源自寄生蟲的物質，藉此誘發抑制免疫反應的作用，嘗試治療自體免疫或過敏疾病。日本也有一位以獨特研究方式而聞名的「寄生蟲博士」藤田紘一郎，他便是將絛蟲養在自己體內。[3]

日本罹患自體免疫或過敏疾病人數增加的原因

日本近年來罹患自體免疫疾病或過敏疾病的人數也有增加的趨勢，原因或許是流著綠鼻涕的小孩減少了，除此之外，寄生蟲感染也愈來愈少。

第二次世界大戰後，日本有不少人感染寄生蟲，當時的日本人中，約有六成感染蛔蟲，約有百分之五體內有鉤蟲（十二指腸蟲）。我爺爺在大戰結束後回到故鄉松山開醫院，那時便有許多人因為感染鉤蟲而貧血，爺爺就替他們診治並驅蟲。後來有愈來愈多人因為爺爺開立的驅蟲藥而好轉，醫院的電話號碼也因為諧音「除蟲第一」（〇六四一，[4]指去了就能除蟲）而聞名。隨著驅蟲藥普及與衛生環境整頓（農業引進化學肥料、抽水馬桶普及等措施），日本的寄生蟲感染人數銳減。然而，日本罹患自體免疫疾病或過敏疾病的人數卻在此時開始增加。

寄生蟲減少與自體免疫疾病增加究竟有何關連？這一點尚待研究證實。不過，寄生蟲裡也混進了第一部所提到的「無賴」，並且引發各種不適症狀，因此，人類今後的課題，便是如何與這個「老朋友」打好關係。

註釋

1 指在人類或動物體內以寄生為生的生物，分成單細胞的原蟲與多細胞的蠕蟲兩大類。蠕蟲可再分成條蟲（cestoda）、線形動物或線蟲（nematode）、吸蟲（trematode）三個種類。瘧原蟲及錐蟲屬於原蟲，絛蟲與包生條蟲（*Echinococcus*）屬於條蟲，蛔蟲屬於線蟲，日本吸血蟲則屬於吸蟲。

2 *Clin Rev Allerg Immunol* 2012; 42: 5。

3 藤田紘一郎《笑うカイチュウ》，講談社。

4 譯註：日語數字「6」（mu）與「4」（shi）連讀，即為「虫」（mu-shi）。

第10章　腸道菌叢的力量

微生物群假說

根據斯特羅恩博士的研究，想要對自體免疫疾病產生抗性，最重要的是在幼年時期某個階段成長於衛生條件較差的環境。

研究指出，幼年時期之所以如此重要，是因為嬰幼兒時期是建立「菌叢」[1]的關鍵。菌叢在出生後不久及至數年間趨於穩定，終其一生都不會有太大變化。而健康的菌叢有助於預防自體免疫疾病或過敏疾病，這種概念即稱為「微生物群（microbiome）假說」。

腸道是人體最大的免疫器官

人類的皮膚與呼吸道等處有著各式各樣的菌叢，其中以腸道菌叢的數量最多。擁有最大菌叢的腸道，對於免疫系統的運作影響極大，這一點無庸置疑。

人類的腸道面積相當大，光是小腸就有一座網球場的大小，而我們每個人的腸道裡有超過一千種、數量多達一百兆個腸道細菌，有些腸道細菌會製造維生素及其他營養素，對人體十分有益；有些細菌卻會侵入人體，引發強烈發炎反應。這一百兆個腸道細菌便生活在人類的腸道裡，彼此保持著微妙的平衡狀態。

一出生就形成

菌叢會在人類出生後數年間趨於穩定，不過實際上，人類在一出生時就受到周遭環境裡的細菌所影響。當嬰兒在無菌狀態下從母體出來，周遭環境裡的所有細菌就會在瞬間爭先恐後地湧向嬰兒，在他的體內定居，形成菌叢。

舉例來說，剖腹產的嬰兒與自然產的嬰兒，兩者的腸道菌叢並不相同。自然產嬰兒體內的腸道細菌，由於分娩時受到母體陰道裡的菌叢所影響，所以乳酸菌較多。這是符合生理邏輯的現象，因為增加乳酸菌有利嬰兒消化母乳。另一方面，剖腹產嬰兒體內的腸道菌叢，則是以母體皮膚上的金黃色葡萄球菌、羅氏菌（*Rothia*）等革蘭氏陽性菌（gram positive）居多。研究指出，有將近九成的異位性皮膚炎患者，皮膚上都有金黃色葡萄球菌，異位性皮膚炎的症狀變嚴重的原因，則是合併感染了膿疱病（Impetigo）。

母乳與配方奶也能改變腸道細菌。根據研究報告，喝配方奶長大的兒童攜帶潛在病原菌的機率較高，例如偽膜性腸炎（pseudomembranous colitis）的病原菌困難梭狀芽孢桿菌（*Clostridium difficile*）等。

此外，使用抗生素不僅會殺死病原菌，也會造成腸道內的好菌大量死亡，嚴重影響腸道菌叢。

研究報告也指出，剖腹產嬰兒、喝配方奶長大的兒童，以及幼年時期用過廣效抗生素的兒童，將來極有可能引發過敏或第一型糖尿病等自體免疫疾病。

由此可知，腸道菌叢是一出生就受到各種環境因素所影響。

關鍵在於多樣性

前面提到了卡累利阿的研究，俄羅斯屬地居民罹患第一型糖尿病等自體免疫疾病的患者少於芬蘭屬地居民。

既然如此，卡累利阿的芬蘭屬地居民與俄羅斯屬地居民的腸道菌叢有何不同？最大的差別在於腸道菌叢的多樣性。俄羅斯屬地的卡累利阿人體內的腸道細菌，比芬蘭屬地居民更多樣。

前面也提到了細菌細胞壁的主要成分LPS，在動物實驗中具有預防第一型糖尿病的作用，從俄羅斯屬地的卡累利阿共和國居民糞便中提取的大腸桿菌中的LPS，也具有預防糖尿病的效果；但是從芬蘭屬地的卡累利阿人糞便中提取的擬桿菌（Bacteroides）中的LPS，並沒有預防效果。

換句話說，即便是同一類型的LPS，由於細菌來源不同，化學結構也不同，是否具備預防第一型糖尿病的能力自然也有差別。

此外，還有一項研究是針對芬蘭屬地第一型糖尿病童的手足，研究內容是隨時提取他們的糞便樣本，以便追蹤日後是否罹患第一型糖尿病。[2]

首先，研究人員發現罹患第一型糖尿病的兒童，在發病前幾年就檢測出針對胰臟細胞的自體抗體。換句話說，自體免疫現象在發病前幾年就有了跡象，但是還不至於引發第一型糖尿病。

然而，他們在第一型糖尿病即將發病前，

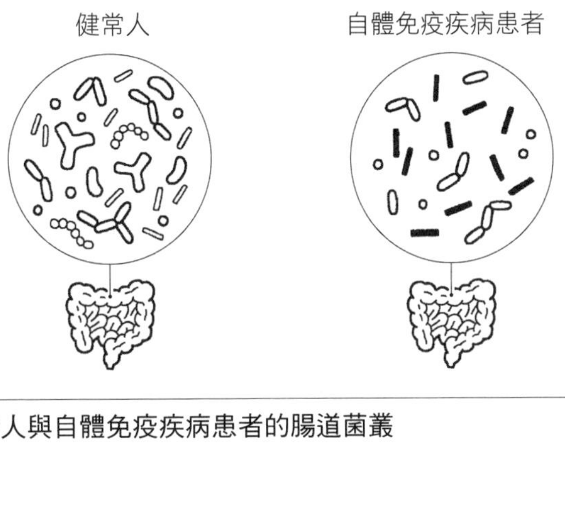

圖23／健常人與自體免疫疾病患者的腸道菌叢

腸道菌叢的多樣性會減少約百分之二十五，同時也有好幾種腸道細菌發生劇烈變化。也就是說，腸道菌叢的多樣性減少，造成數種腸道細菌過度增減，似乎就是引發第一型糖尿病的直接因素。

根據目前的研究報告，許多自體免疫疾病患者體內的腸道細菌，多樣性遠遠不如健常者。

現代生活失去了什麼？

現代的飲食生活與古代的飲食生活，究竟有什麼改變？人類自古以來都是有什麼吃什麼，果實、海藻、魚貝類等等，什麼都吃。人類的飲食特徵就是雜食性，因此，人類的腸道裡定居著形形色色的腸道細菌，以便消化各式各樣的食物。

反觀現代社會常吃的食物，內容又是如何？有些人是不是每天只吃麵包配牛奶？或者也有人每天只吃速食麵？這樣的飲食生活，導致現代人體內的腸道細菌失去了多樣性。

地球上有超過五千種植物可供人類食用，但是在現代，人類只從米、小麥、玉米這三種穀物，獲取百分之六十九的熱量以及百分之五十六的蛋白質。飲食生活如此單調貧瘠，對生物來說是不正常的。

失去多樣性會發生什麼事？

腸道細菌失去多樣性會發生什麼事？腸道細菌中，有的對人體有益並且能與人體共存；有的會從黏膜侵入人體，引發極為強烈的發炎反應。各式各樣的細菌會彼此制衡其他細菌的繁殖，使腸道菌叢維持平衡狀態。換句話說，多種細菌共存，可防止特定細菌異常增加。不過，由於使用抗生素或其他種種原因導致腸道細菌缺乏多樣性，原本的制衡功能就會失去作用。一旦病原菌增加到一定程度，其他細菌若是抑制不住它的繁殖速度，腸道細菌的整體平衡就會突然崩潰，有可能因此引發自體免疫疾病或過敏疾病。

事實上，據研究報告指出，自體免疫疾病患者與健康的人相比，腸道細菌的多樣性十分匱乏，唯獨某種特定細菌不斷增加。舉例來說，日本、美國、歐洲等多個國家的研究結果顯示，初期類風濕性關節炎患者的腸道細菌中，人體普雷沃氏菌（*Prevotella copri*）會異常增多；[3]克隆氏症患者則是活潑瘤胃球菌（*Ruminococcus gnavus*）過多。

引發自體免疫疾病的「腸漏症」

再者，自體免疫疾病患者體內某些特定的腸道細菌甚至會侵入人體。

在此之前，一般都相信人體內部是無菌狀態。腸道雖然位於體內，但是腸道的內容物與人體之間隔著一層黏膜，所以從生物學的觀點來看，腸道屬於「體外」。而人體的內部器官受到免疫系統保護，基本上屬於無菌狀態。

然而，近年來由於分析技術提升，研究人員在檢查腸道鄰接的腸繫膜淋巴結、脾臟、肝臟等器官時，發現可以從這些組織中檢驗出腸道細菌的基因。不僅如此，將組織提取出來培養時，竟然可以培養出這些細菌。由此可知，人體內並不是完全無菌，有一部分腸道細菌會經由受損的腸壁侵入人體內部。

這就是所謂的腸漏症（leaky gut）。自體免疫疾病與過敏疾病患者，有可能是因為腸道發炎引起腸漏症，導致腸道細菌侵入人體，進而引發自體免疫現象。

找到自體免疫性肝炎的致病細菌

腸漏症的研究，主要是採用自體免疫疾病的動物實驗模式。因為人體試驗需要採集器官培養才能證實這一點，所以執行上非常困難。

話雖如此，有時為了診斷病情，也需要從器官取下少量組織進行「活檢」。[4]

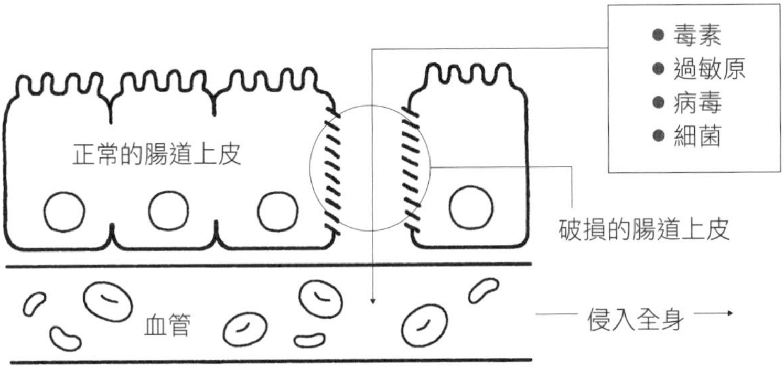

圖24／腸漏症

有一項研究即是利用「活檢」取下的少量組織，直接證明了腸漏症與自體免疫疾病有關。[5]

SLE等自體免疫疾病中，自體免疫現象也會引起肝臟疾病，稱為自體免疫性肝炎。診斷是否罹患自體免疫性肝炎時，為了確認肝炎的原因，會用細針刺入肝臟內部吸取肝組織進行「肝活檢」。培養肝活檢組織的過程中，若是產生雞腸球菌（*Enterococcus gallinarum*）這種腸道細菌，再將它注入SLE實驗動物體內，一旦引發SLE即可確認。

也就是說，經由腸漏症而侵入人體的腸道細菌，實際上就是引發自體免疫疾病的原因。

能誘發調節性T細胞的細菌

如上所述，有些致病的腸道細菌會侵入人體造成自體免疫疾病，但也有些腸道細菌能誘發調節性T細胞預防自體免疫疾病。

梭菌屬（*Clostridium*）的十七種腸道細菌會產生酪酸，保護腸道黏膜，並且誘發調節性T細胞。[6] 酪酸是牛乳發酵時所產生的酸，嬰兒糞便有一股酸味，就是酪酸的味道。

克隆氏症患者的T細胞會攻擊自身的腸道，大肆破壞腸道黏膜，導致腸道發炎。擔任警察角色的調節性T細胞本來應該出面制止，卻招架不住失控的T細胞，以至發炎情況一發不可收拾。梭菌屬的腸道細菌所產生的酪酸，能夠促使調節性T細胞發揮功能，使其保持穩定。研究認為，酪酸能使功能減弱的調節性T細胞恢復穩定，並且抑制發炎反應。

是否能改變腸道菌叢？

既然腸道菌叢與引發自體免疫疾病息息相關，是否可以透過人為操作，改變腸道菌叢，達到治療及預防自體免疫疾病的目的？

市面上販售著各式各樣的乳酸菌等益生菌產品，宣稱可以改善腸道菌叢，其中有些產品據研究報告指出，在動物實驗中可達到預防自體免疫疾病的效果。但是腸道菌叢是由各種細菌構成微妙的平衡，單是服用少量益生菌，也只會經過腸道而已，很難大幅改變腸道菌叢生態。

因此，研究認為不要只服用單一菌種，而是一次服用多種腸道細菌，讓益生菌定居在腸道裡。例如嘗試以雞尾酒配方的形式，服用可誘發調節性T細胞的梭菌屬十七種腸道細菌，藉此治療克隆氏症等發炎性腸道疾病。[7]

此外，改變飲食生活也有可能改變腸道菌叢。舉例來說，前面提到的梭菌屬腸道細菌能分解膳食纖維產生酪酸，進而誘導調節性T細胞的分化。因此，攝取大量膳食纖維不僅能增加有益的腸道細菌，也可能增加腸道的調節性T細胞。

還有一種方式是移植他人的腸道菌叢，也就是「糞便移植」，嘗試將健常人的糞便微菌叢植入患者腸道，藉此重建腸道菌叢。事實上，根據研究報告指出，罹患困難梭狀芽孢桿菌病原菌而引發偽膜性腸炎的患者，透過糞便移植可改善偽膜性腸炎。

不過，移植他人的糞便微菌叢，可能會感染意想不到的傳染病。實際上確實有患者因為糞便移植而罹患嚴重的傳染病，所以目前某些疾病已中止糞便移植。

發酵食品的功效

現代飲食生活導致腸道細菌缺乏多樣性，有望恢復多樣性的方法或許是食用發酵食品。每一公克發酵食品含有數億個微生物，可幫助腸道細菌恢復多樣性。

世界各地的飲食文化，往往會採用當地食材製作獨特的發酵食品。例如歐洲的市場攤位上隨處可見自家製的乳酪，可見使用發酵後的牛乳製作乳酪的文化已深入家家戶戶，也就是說，歐洲人決不是只喝牛乳而已。以玉米或香蕉為主食的地區，當地人會飲用玉米或香蕉製成的發酵酒。日本的味噌、納豆、甘酒與清酒等產品，全都是使用日本傳統的米麴菌（*Aspergillus oryzae*）發酵製成。我奶奶以前也常製作甘酒，直到現在我都很懷念剛蒸好的米飯與米麴混合發酵後散發出的溫潤甜香。

失去如此豐富的飲食生活，也許就是導致自體免疫疾病與過敏疾病增多的原因。

為什麼馬拉拉沒有罹患SLE？

根據上述的觀點，第二部的馬拉拉有可能是透過兩種方式免於罹患SLE。

第一是幼年時期曾待過印度的孤兒院，感染了瘧疾等各種傳染病。她有可能因此發展出防止免疫系統過度反應的機制，達到預防SLE的效果。

第二是馬拉拉在印度待到五歲，即便後來前往英國，成年後仍是在印度餐廳工作，始終維持印度的飲食習慣。

至於莎拉，出生後不久就被收養，腸道菌叢也都是受到英國的飲食生活所影響。另一方面，馬拉拉直到五歲才被收養，儘管後來習慣了英國生活，腸道菌叢仍是以印度生活時期即有的菌種佔優勢。自幼受到印度的飲食習慣培養出來的腸道菌叢，有可能使她免於罹患自體免疫疾病。

第二部以莎拉及馬拉拉的故事為引，探討免疫系統與環境的深切關係。第三部將追本溯源，探討人類的動物祖先在特定環境中的生存軌跡，對於現代人類的免疫系統與疾病有何影響。

註釋

1 共同生活在人體表面及各種管腔裡的微生物群，稱為細菌菌落、菌叢。
2 *Cell Host Microbe.* 2015; 17: 260。
3 *Elife* 2013; 2: 01202e
4 譯註：活體組織檢查（biopsy），簡稱活檢、生檢或切片，是從動物或人類身上取下少量活組織作病理學診斷的一種檢查方法。
5 *Science* 2018; 359: 1156。
6 *Science* 2011; 331: 337。
7 *Nature* 2013; 500: 232。

第 III 部

免疫系統的演化

——自體免疫與過敏疾病的起源——

第11章　隨人類演化出下顎所產生的疾病

先天免疫系統與後天免疫系統

我想再回過頭來談談我們的免疫系統。我們擁有的免疫系統，分成「先天免疫」與「後天免疫」兩種。先天免疫是自古以來即有的，由巨噬細胞與嗜中性白血球（細菌感染時常見的細胞）、抗菌胜肽（antimicrobial peptide）、補體所構成，是外敵入侵時的第一道防線。另一方面，後天免疫則是經過演化獲得的新型免疫能力，是由T細胞與B細胞合作產生抗體對抗感染的機制。

先天免疫——鱟的免疫系統

瀨戶內海岸每年六月左右，鱟都會隨著大潮湧上沙灘交配產卵，再隨潮水慢慢返回大海。有「活化石」之稱的鱟，四億年來一直重複著志留紀祖先的行為模式。

鱟與蜘蛛同屬於螯肢類（Chelicerates）節肢動物，原生長於古生代勞亞大陸（Laurasia，曾存在於北半球的原始古大陸）中央海域，經過漫長歲月從歐洲遷徙至東亞海域。研究認為，末次冰期[1]結束後，海平面上升，形成現在的瀨戶內海，鱟喜歡當地環境而落腳此處。雖然不清楚瀨戶內海的哪一點吸引鱟，不過，瀨戶內海不光是擁有潮間帶的內海而已。它有著與太平洋相通的狹窄海峽，海域內亦有七百多個島嶼，潮汐變化帶來的強勁洋流（「瀨戶」一詞的語源），[2]在漲潮時甚至會形成直徑可達二十公尺、世界最大的漩渦。或許是因為強勁洋流攪動了海水，為產在潮間帶沙灘裡的鱟卵提供了孵化所需的氧氣及營養豐富的海水。

鱟的藍色血液會產生「鱟試劑反應」，只要一點點細菌（即病菌）或真菌（即黴菌）物質入侵，血液中的血藍素就會立即反應，凝固成膠狀。由於鱟血具有高度靈敏性，如今在衛生要求極高的環境下調配試藥（例如注射於人體的藥劑）時，都會以鱟血確認是否遭到細菌或黴菌所污染。

鱟血裡的免疫系統屬於「先天免疫」，先天免疫能夠辨識細菌或真菌等感染性微生物的獨特分子結構。因此，先天免疫所使用的受體，稱為樣式識別受體（Pattern recognition receptors）。例如細菌的細胞壁具有獨特的脂多醣（ＬＰＳ）分子結構、真菌的細胞壁則是由結構各異的聚醣（glycan）連接成獨特的β－葡聚醣（β-glucans）分子結構，其中能夠辨識細菌分子結構的模式識別受體稱為類鐸受體（Toll-like receptor，ＴＬＲ），能夠辨識真菌分子結構的模式識別受體稱為Ｃ型凝集素受體（C-type lectin receptor，ＣＬＲ）。

先天免疫的機制十分單純，也就是辨識出感染性微生物獨特且相通的分子結構，將其活化後引發連鎖反應。話雖如此，這種機制非常靈敏，又有如銅牆鐵壁，許多生物單憑先天免疫的機制便足以保護自己。鱟也是如此，只憑先天免疫系統就能在地球上存在四億年之久。

後天免疫——高科技打造的免疫系統

先天免疫在細菌或真菌入侵時能迅速地全面反制，相較之下，後天免疫則是捕捉每種入侵微生物的特徵，量身打造特異性抗體（只與標的物結合的抗體）加以對抗。注射疫苗產生免疫力，指的就是透過後天免疫的作用產生特異性抗體。後天免疫與免疫系統的指揮中心T細胞以及產生抗體的B細胞有關，比起先天免疫能對微生物入侵迅速反應，後天免疫則需要量身打造抗體，所以反應較遲，約需時兩個星期才能發揮效用。

後天免疫的驚人特性，在於特異性極高。人體內包含構成器官與血液的各種物質，但是抗體只會與標靶分子結合，猶如經過精密設計的高科技飛彈。T細胞負責鎖定標的物，B細胞負責量身打造抗體。B細胞受刺激而開始產生抗體時，會從血液遷移至更安全的骨髓，並且分化出專門產生抗體的漿細胞（plasma cell）來分泌大量抗體。如此一來，人體即可像遠程發射超精密飛彈般，抵禦從身體任何部位入侵的標靶微生物。之所以能夠遠程精準攻擊，即是因為抗體具有特異性，不會與標靶分子以外的任何生物分子結合，即便分泌大量抗體，也不會損害其他器官。

後天免疫還有一項特性，它會記憶曾經感染過的傳染病。感染過麻疹或德國麻疹等傳染病即可「終生免疫」，便是免疫記憶的作用，也是疫苗接種的原理。只要分析標的物，製作精確的抗體設計圖，即使過了一段時間再遭同樣的微生物入侵，人體也能迅速大量分泌同一種抗體正面迎戰。

用於現代醫學治療的抗體製劑

現代醫學利用抗體只與標靶分子結合的特性治療疾病，也就是以人工合成僅與標靶分子結合的特異性抗體，並製成治療用的注射製劑，這種抗體稱為生物製劑。例如類風濕性關節炎或克隆氏症，若是對患者注射抗體抑制促發炎因子 TNF-α，緩解症狀的效果十分顯著。用於治療癌症的免疫檢查點抑制劑（immune checkpoint inhibitor），即是以腫瘤免疫分子為標靶的生物製劑。

由於抗體的特異性所致，生物製劑只能與標靶分子結合，並不會影響人體內其他分子的功能。加上抗體的成分是蛋白質，代謝產物不會像傳統的小分子藥物那樣造成腎臟或肝臟等其他器官的負擔。

大自然發明了性能卓越的高科技系統——抗體，現代醫學便是將這套系統應用在治療上。

萬一高科技系統出錯了

然而，精妙無比的後天免疫系統在產生抗體時若是出了差錯，後果將不堪設想。因為抗體會不斷攻擊鎖定的目標，一旦將自身組織當成標靶，就會毫不留情地予以破壞，這就是「自體免疫疾病」的由來。換句話說，自體免疫疾病可說是由後天免疫這套複雜精妙的高科技防禦系統所引發的疾病。

防止出錯的機制

後天免疫一旦出錯，就有可能造成致命傷害。因此，為了以防萬一，經過嚴格訓練的免疫系統指揮中心T細胞，絕對不會對構成「自己」的物質產生反應。T細胞接受訓練的場所稱為胸腺，是位於胸骨後方、心臟前方的器官。T細胞會在胸腺接受魔鬼訓練，確保不會對「自己」產生反應才會進入全身。

胸腺裡的髓質纖維母細胞（fibroblast）猶如教官，會以人體自身的各種分子測試尚未成熟的T細胞。T細胞若是對「自己」產生強烈反應，就會觸發細胞凋亡（apoptosis）機制而死亡，不會放任它離開胸腺。因此，進入血液循環的T細胞，基本上都不會對自身組織產生反應（具有耐受性），也就是所謂的中樞耐受性（central tolerance，中樞器官胸腺對自身維持耐受的機制）。

儘管如此，有時仍不免出差錯。入侵的微生物若是分子結構與自身組織極為相似，即便是經過嚴格訓練不會對「自己」產生反應的T細胞，也有可能因此誤判而將自身組織當成標靶而加以鎖定。為避免這種情況，人體還有另一項機制，也就是上一章所提到的調節性T細胞。人體不僅會培育T細胞並將它送上前線對抗感染性微生物，同時也會派出調節性T細胞擔任警察角色，防止T細胞對自身產生錯誤反應。調節性T細胞可抑制對自身產生反應的T細胞，避免誘發自體免疫反應，這就是所謂的周邊耐受性（peripheral tolerance，周邊對自身維持耐受的機制）。[3]

由此可知，後天免疫便是透過中樞耐受性與周邊耐受性兩種機制嚴格控管，預防對自身產生反應。

後天免疫的演化論起源

人體這套精妙的高科技防禦系統，究竟是何時建造而成？接下來將從演化論的觀點追溯起源。

我們的遠古祖先是類似水螅（hydra）的腔腸動物，具有口腔與泄殖腔（cloaca）皆是同一開口的囊狀消化腔。後來分化出另一種生物，消化腔多了一個開口，使得口腔與肛門各自獨立。原有的開口形成口腔的生物，稱為原口動物；新生成的開口形成口腔的生物，稱為後口動物。原口動物演化成烏賊、章魚、貝類等軟體動物以及蝦子、螃蟹、蜘蛛、昆蟲等節肢動物，後口動物則演化成像我們這般的脊椎動物。原口動物與後口動物的消化腔方向正好顛倒，也就是說，烏賊及章魚等動物用來進食的口腔，相當於我們的肛門。

先天免疫是所有生物與生俱來的基本免疫系統。另一方面，後天免疫則是脊椎動物獨有的免疫系統。

換句話說，原口動物中的扁形動物（例如渦蟲）、環節動物（例如蚯蚓）、軟體動物、節肢動物等，都不具備後天免疫。後口動物中相當於脊椎動物祖先的文昌魚及海鞘等脊索動物，[4]也不具備後天免疫。唯獨我們脊椎動物才具備後天免疫。

說得精確一點，脊椎動物中的哺乳類、鳥類、爬蟲類、兩棲類、魚類，乃至鯊魚及魟魚等軟骨魚類都具備完整的後天免疫系統。由於這些動物演化出具有咀嚼功能的顎部，故統稱為有頜類。另一方面，脊椎動物中沒有顎部且口腔呈吸盤狀的八目鰻

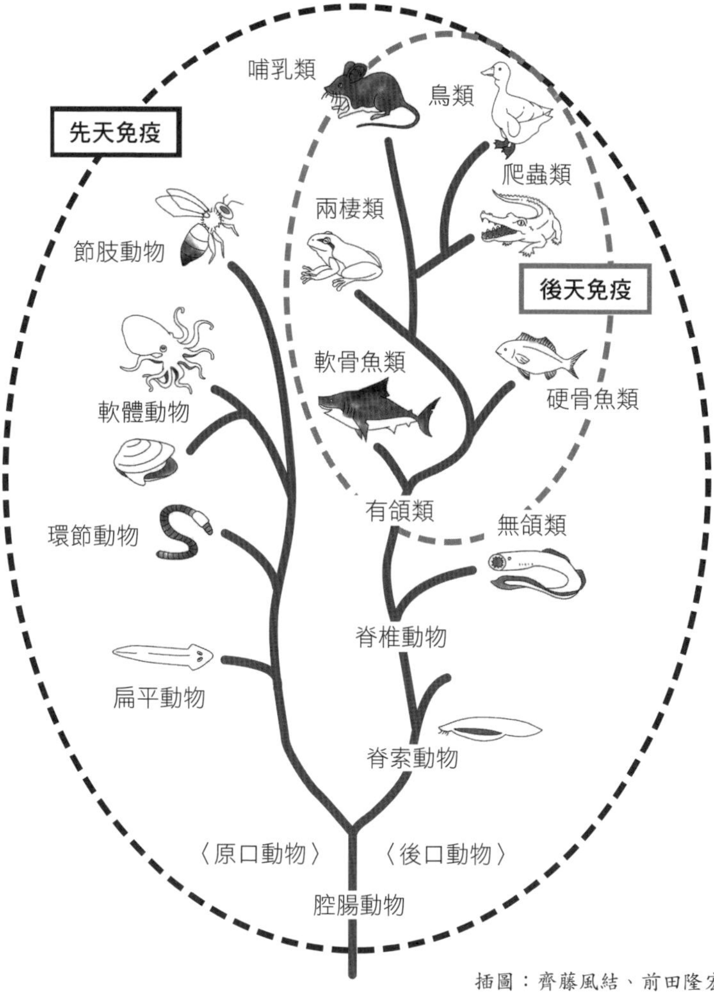

插圖：齊藤風結、前田隆宏

圖25／生物的親緣演化樹

（lampetra japonica）及盲鰻（myxini）等圓口類，則是具備與我們不同、較原始的後天免疫系統。

換句話說，後天免疫可說是與顎部同時期出現的免疫系統。

演化出「顎」帶來了什麼？

為什麼演化出「顎」的同時也獲得了後天免疫？研究認為，生物因為演化出「顎」，面對外敵或食物得以咬住、咬斷及咀嚼，因此攝取的物質種類大幅增加。由於吃進肚子裡的東西有不少對生物是有害的，所以必須

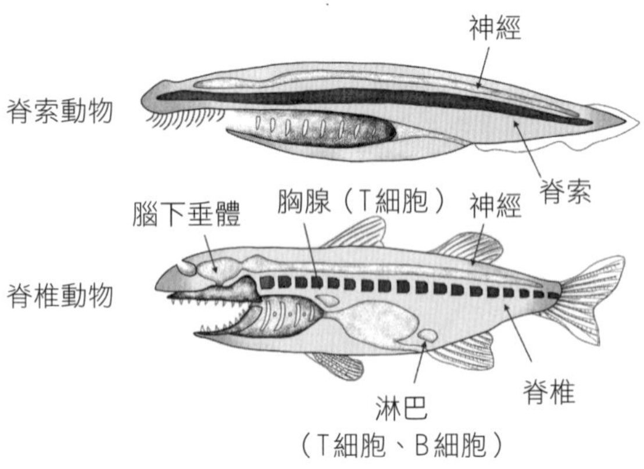

插圖：齊藤風結、前田隆宏

製圖參考三木成夫《生命形態の自然誌》（うぶすな書院）

圖26／脊索動物與脊椎動物

立即分辨經由顎部咀嚼攝取進腸道裡的各種東西，哪些是有害的、哪些是無害的。如果已經造成傷害，也需要防止重蹈覆轍。

開始與腸道細菌共存

演化出顎部而獲得後天免疫系統的脊椎動物，因此能與腸道細菌共存。

隨食物進入腸道的細菌中，有些對生物有害，有些能產生維生素的細菌則是對生物有益。後天免疫不僅能將IgG型抗體（在血液中循環的主要抗體）分泌至血液，也能將IgA型抗體（分泌至腸道的抗體）分泌至腸道。IgA型抗體可以清除腸道裡的致病細菌，也能容許有益的細菌在腸道定居，幫助改善生物自身的營養狀態。

事實上，研究指出，具備後天免疫的脊椎動物，腸道裡擁有超過一千種、數量多達一百兆個的腸道細菌；不具備後天免疫的烏賊等動物，腸道裡定居的細菌甚至不到十種。[5]

由此可知，脊椎動物因為演化出顎部而能「吃」各式各樣的東西，並且受惠於後天免疫而得以在腸道裡保有多種腸道細菌，大幅改善獲取生存所需營養的方式。

「吃」的同時也增加了「被吃」的風險

生物演化出「顎」而增加了許多「吃」的機會，卻也讓自己深陷「被吃」的危機。當生物因差點「被吃」而受傷，導致細菌從皮膚侵入體內時，身體必須迅速反應並記住如何應變。因此，身體會將抗體分泌至血液，抵擋從四面八方入侵的細菌。

換句話說，生物演化出「顎」後，「吃」的機會與「被吃」的機會均大幅增加，所以必須明確劃分「自己」與「非己」，同時也要發展出能記取教訓並保衛自身的後天免疫系統。

「顎」促進脊椎動物崛起

B級科幻片總是將外星異形塑造成節肢動物的模樣，它們有著千奇百怪的前肢，例如尖爪、利鉗、吸盤，並且能靈活彎曲及伸展多個關節，這正是節肢動物最強大的優勢。在太空站裡倉皇逃命的人們被外星異形的觸手捉住並往嘴裡送，眼看主角就要被吃掉，萬沒想到節肢動物型態的外星異形弱點就在口腔，於是主角開始反擊。

沒錯，節肢動物的口腔就是如此中看不中用。昆蟲類、螯肢類與甲殼類等節肢動物，為了捕獲獵物而演化出各式各樣的「腳」。但是與牠們演化成極具攻擊力的前肢相比，口腔的構造卻簡單得令人訝異。大約在五億年前稱霸寒武紀海洋生態系統的節肢動物祖先奇蝦（*Anomalocaris*），也有兩隻帶有硬刺的巨大附肢。位於附肢根部的口錐長著三層放

插圖：齊藤風結、前田隆宏

圖27／演化出「顎」所產生的世界

射狀的牙齒，但這些牙齒並未鈣化，也沒有磨損的痕跡，可見無法用來咬碎具有堅硬外殼的生物。換句話說，奇蝦的口腔適合用來吞噬身體柔軟的小動物或者吸吮屍肉。

相較於節肢動物演化出發達的「腳」，脊椎動物則是演化出發達的「顎」。

從脊索動物演化而來的無頷類昆明魚（*Myllokunmingia*）以及海口魚（*Haikouichthys*），據稱是演化出「顎」之前最古老的脊椎動物。昆明魚與海口魚的化石僅有幾公分大小，在這狹小範圍裡竟然發現了一百多個魚體。從化石成群的特徵來看，可知牠們屬於典型的被捕食者，在寒武紀裡位處生態金字塔最底層。

然而，後來在泥盆紀登場的脊椎動物代表物種、已演化出「顎」的巨大鄧氏甲冑魚（*Dunkleosteus terreli*），其身體長達八至十公尺，咬力達到四千牛頓以上，甚至超過現代的短吻鱷。此外，據研究分析，「顎」（JAWS）的代名詞鯊魚，其祖先軟骨魚類巨齒鯊（megalodon）的體長為十五公尺，咬力實際上可達到十萬牛頓。[6]也就是說，脊椎動物獲得「顎」之後，便從生態金字塔的最底層一口氣躍升至頂端。

脊椎動物雖然沒有節肢動物那樣發達的「腳」，但是牠們擁有「顎」，使牠們能夠藉著扭轉身體接近獵物並且咬住不放，將獵物的外殼及骨頭徹底咬碎。對其他動物而言，脊椎動物簡直是無比恐怖的怪物。

此外，由於演化出具備「顎」的生物，使得地球上所有生物的生存競爭更加劇烈。在「啃噬」與「被啃噬」的戰鬥中，許多生物被迫捲入不得不區分「自己」與「非己」的時代。脊椎動物就在這樣的時代裡，建立了能在免疫學上區分「自己」與「非己」的後天免疫系統，並在殘酷的生存競爭中存活。

解開演化機制的關鍵——八目鰻與盲鰻

八目鰻是一種寄生性生物，口部呈吸盤狀，可吸附在大型魚體側面，並用舌頭上的角質齒刮食魚體的血肉。牠的身體兩側各有七個鰓孔，加上眼睛就像長了八個眼睛，因此稱為「八目鰻」；牠是十分獨特的魚類，與具有顎部和脊椎的鰻魚（eel）屬於不同種類的生物，因口腔呈圓筒狀而歸類為「圓口類」。盲鰻與八目鰻同樣屬於圓口類，棲息於泥質海底，利用圓筒狀的口腔食用沉降至海底的死魚及鯨魚屍骨，或者捕食蠕蟲類等生物。

圓口類動物是現今尚存唯一的無頜類。除了圓口類動物以外，現今所有脊椎動物都屬於有頜類，具有脊椎與顎部。相較之下，圓口類動物並沒有脊椎，不過，圓口類動物的尾部有數塊小軟骨，在形態學上與脊椎骨具有相同的特徵。此外，牠們雖然不像有頜類動物那樣具有強大的「顎」，但研究認為，牠們可以透過圓盤狀的口腔吸附在其他魚體上獲取豐富營養。再者，牠們唯一的鼻孔後面有一個腦下垂體，在胚胎學上與有頜類具有相同的特徵。[7]從上述形態學的特徵來看，圓口類動物可說是研究目前所有脊椎動物進化過程的「活化石」。

圓口類動物的抗體系統與有頜類不同，牠們具有獨特的抗原受體，只與特定的目標蛋白質結合。此外，牠們也與有頜類一樣具有獨特機制，排除產生自體反應的淋巴球。換句話說，我們可以認為圓口類動物具備原始的後天免疫系統。[8]

濾食性（將食物過濾再進食）脊索動物並沒有後天免疫系統。圓口類動物在演化出吸盤狀口腔的過程中，獲得了原始的後天免疫系統；有頜類動物演化出顎部之後即具備完整的後天免疫系統，可見後天免疫系統的發展與「顎」的演化密不可分。

由上述可知，從形態學與免疫學的觀點來看，盲鰻與八目鰻即是解開脊椎動物進化機制的關鍵。

壓力反應也與「顎」的演化有關

脊椎動物演化出顎部之後，除了能「吃」以外，也必須承擔「被吃」的風險，所以必須發展出一種機制以應對這種壓力。

脊椎動物具有一組內分泌器官，即下視丘－腦下垂體－腎上腺（HPA軸），並由這組內分泌器官負責對壓力作出反應。研究發現，下視丘－腦下垂體的形成，與演化出顎部屬於同一時期。

在HPA軸中，下視丘一旦辨識出「被吃」的壓力，就會刺激腦下垂體及腎上腺分泌荷爾蒙，例如能使血壓升高的兒茶酚胺（catecholamine，使身體興奮的物質），與此同時，腎上腺皮質也會分泌類固醇激素（steroid hormone）。

動物面臨「被吃」的危急時刻，就得分泌兒茶酚胺使血壓升高以便逃脫。此外，即便受傷導致細菌入侵體內，也不能放任自己因此發燒而乏力，必須強行抑制發炎反應，才有可能脫離危機。所以類固醇激素具有抑制免疫反應以及有效抑制發炎反應的作用。

腸道細菌與壓力反應

腦下垂體等神經內分泌細胞，在胚胎學上是從構成腸壁的細胞分化而來的細胞群。[9]所以需要腸道細菌給予各種刺激，才能使神經內分泌細胞正常生長。研究顯示，在無菌狀態下飼育體內缺乏腸道細菌的實驗鼠，下視丘－腦下垂體在面對壓力時容易過度反應。因此，在多種細菌環伺的環境裡接受來自腸壁細胞的各種刺激，可使身體根據壓力程度調節分泌適量的類固醇激素。[10]

自體免疫疾病的治療藥物——類固醇

人體內的腎上腺會分泌類固醇激素。現今用於治療各種自體免疫疾病的類固醇藥物，便是由腎上腺分泌的類固醇激素化學合成製成。

類固醇能抑制過度的免疫反應，也能抑制發炎症狀，所以能有效減輕自體免疫疾病的病理。因此，類固醇藥物是治療各種自體免疫疾病不可或缺的藥物。

使用類固醇的注意事項

類固醇激素用於治療藥物需特別留意。如果驟然停藥，可能會出現反彈現象，導致原本的病情突然變嚴重。

人體的腎上腺會在自然狀態下分泌類固醇激素，分泌量則是由下視丘－腦下垂體控制。

血液中的類固醇激素含量過多，下視丘－腦下垂體就會要求腎上腺減少分泌類固醇激素。反之，若是血液中的類固醇激素含量太少，下視丘－腦下垂體就會要求腎上腺增加分泌類固醇激素。這表示腎上腺所分泌的類固醇激素，乃是遵循下視丘－腦下垂體的負回饋（negative feedback）機制。

類固醇作為外用藥物時，下視丘－腦下垂體會誤以為類固醇激素分泌過多，於是要求腎上腺停止分泌類固醇激素。因此，一旦開始使用類固醇藥物，分泌內生性（endogenous）類固醇激素的能力就會減弱。

如果在這種情況下突然中斷類固醇藥物，會使身體無法自行分泌類固醇激素，再加上少了外在藥物補充類固醇，體內的發炎情況會更加難以控制。這就是所謂的反彈現象。

綜上所述，使用類固醇藥物一段期間後，病情若是好轉，就要慢慢減少類固醇藥物的劑量，等腎上腺逐漸恢復產生類固醇激素的功能後就必須停藥。

壓力會引發自體免疫疾病嗎？

壓力，是引發自體免疫疾病的原因嗎？

我們不時聽聞，自體免疫疾病的患者因為壓力過大而發病，或者導致病情加重。如前面所提到的，人體在壓力之下所分泌的類固醇激素，不僅能抑制過度的免疫反應，也能有效抑制發炎症狀，所以能預防自體免疫疾病。類固醇藥物實際上也用於治療各種自體免疫疾病。基於這些事實，我們可以認為，人體在面臨各種壓力時，若是無法分泌足夠的類固醇激素來抑制發炎症狀，極有可能因此引發自體免疫疾病。

儘管很難證明心理壓力與疾病的關係，但是研究報告指出，曾經遭逢巨大壓力（創傷後壓力症候群）而患上PTSD的人，日後罹患自體免疫疾病的機率更高。[11]

話雖如此，並不是所有承受壓力的人都會引發自體免疫疾病，所以壓力不是導致自體免疫疾病的直接因素。不過，對於易罹患自體免疫疾病的人來說，壓力可能是促使發病的因素之一。

導火線是什麼？

後天免疫系統可以區分「自己」與「非己」並活化免疫細胞。不過，後天免疫系統攻擊的目標，真的只有「非己」嗎？所謂的「自己」又是什麼？

T細胞會在胸腺接受嚴格訓練，確保不會攻擊「自己」才獲准進入全身。然而，T細胞離開胸腺後，若是「自己」的組織產生了變化，情況又會如何？事實上，當細胞根據基因藍圖生產的蛋白質經由轉譯後修飾（Post-translational modification）[12]而使結構發生變化，就會成為後天免疫的攻擊目標，進而引發自體免疫疾病。但是以女性因懷孕及生產而分泌母乳為例，從來沒聽說過免疫系統會對乳腺及乳汁的成分產生免疫反應，可T細胞在胸腺受訓時，分泌乳汁的細胞及蛋白理應不存在。另一方面，有些自體免疫疾病患者體內存在「抗核抗體」，會攻擊所有細胞的細胞核。是否成為攻擊目標的差異究竟在哪裡？

關於其中的原因，有一位學者提出了相當耐人尋味的假設。根據她的假設，是否產生免疫現象的關鍵並不是「自己／非己」，而是取決於「危險嗎／不會危險嗎」的情境。

活化免疫系統的「危險」訊號

波莉．麥辛格（Polly Matzinger）博士提出了危險模型（Danger model）理論，認為人體產生免疫現象的關鍵取取決於「危險嗎／不會危險嗎」。麥辛格博士原本沒有醫學或生物學學位，她曾在加利福尼亞大學戴維斯分校（UC Davis）的酒吧裡擔任調酒師。不過，這間酒吧聚集了免疫學家、生物學家、遺傳學家、醫師等各個領域的人，大家都在這裡盡情討論免疫學相關話題，所以她也開始參與討論，並且在討論過程中有了自己的一套「理論」。於是，對她的理論有興趣的加利福尼亞大學教授便歡迎她來上課，使她有機會取得學位並撰寫論文。這篇論文刊載於二〇〇二年的《科學》（*Science*）雜誌。[13]

「危險」嗎？「不會危險」嗎？

傳統理論認為，先天免疫系統是根據分子結構的模式，辨識「是否感染性微生物」；後天免疫系統則是根據每個微生物的特性，分辨「自己還是非己」，再決定是否產生免疫反應。麥辛格博士則是進一步提出了危險模型理論，認為免疫系統是根據「危險嗎／不會危險嗎」來決定是否產生反應。

來自感染性微生物的物質當然是「危險」的，所以會活化免疫系統。先天免疫用來辨識病原體衍生物的獨特分子結構模式，稱為病原體相關分子樣式（Pathogen associated molecular pattern，PAMPs）。

另一方面，即便不是感染性微生物，先天免疫系統仍是會受到刺激而活化。因為受損細胞釋放的物質對其他細胞而言是萬分「危險」的警訊，表示同伴已被外敵殺死，所以會活化免疫系統。受損細胞衍生物的獨特分子結構模式，稱為損傷相關分子樣式（Damage associated molecular pattern，DAMPs）。DAMPs是「危險」逼近的訊號，警示體內出現了發炎症狀。由上述可知，除了PAMPs以外，DAMPs也有可能活化先天免疫系統。

至於「自己」的組成成分是否會遭到後天免疫系統攻擊，則是取決於情境。當「自己」的抗原隨著重新長出毛髮或分泌乳汁等自然循環而發生變化，即使因此變成

「非己」，也不會出現PAMPs或DAMPs等警訊，所以不會被認為是「危險」而產生免疫反應。然而，即便組成成分屬於「自己」，當體內出現發炎症狀導致細胞死亡並釋放出物質時，免疫受體便有可能辨識出DAMPs而發出「危險」警訊，進而引起免疫反應。體內之所以產生「抗核抗體」這種自體抗體，便是因為細胞死亡而將細胞核成分釋放出來，結果被免疫受體視為「危險」的訊號，因此成了免疫系統的攻擊目標。

現代社會刺激免疫活化的因素

由此可知，各種傳染病以及環境中存在的物質都有可能刺激免疫活化或引發自體免疫疾病，因為PAMPs與DAMPs可以當作示警的訊號。

各種傳染病都有可能引發自體免疫疾病。舉例來說，許多病例報告指出，罹患新冠肺炎等病毒感染後會引發自體免疫疾病。這種案例是人體遭到感染後由免疫受體辨識出PAMPs的存在，進而誘發自體免疫疾病。牙周病也是如此，當牙齦出現感染性微生物而且免疫受體也辨識出PAMPs的存在，DAMPs就會刺激免疫系統造成慢性發炎，這就是類風濕性關節炎等自體免疫疾病的發病主因。

另一方面，即便不是感染傳染病，例如皮膚因為照射過量紫外線而發炎，導致表皮細胞死亡時，免疫受體也會辨識出DAMPs的存在而引發免疫反應，陽光就是全身性紅斑狼瘡症狀惡化的主要因素。再舉個例子，若是吸入一般自然界不存在的環境物質，或者吸入難以分解的異物，吸入的物質即有可能造成支氣管發炎，免疫受體因此辨識出DAMPs的存在而誘發自體免疫反應。據研究報告指出，例如菸草煙霧、粉塵或PM2.5附著的有害物質等，便是導致體內產生自體抗體進而引發類風濕性關節炎的原因。研究報告也指出，大地震災後罹患ANCA相關的血管炎等自體免疫疾病的患者增加不少，原因便是吸入瓦礫粉塵造成支氣管發炎，免疫受體因此辨識出DAMPs的存在而活化免疫反應。同樣地，疫苗因為含有刺激免疫反應的佐劑，[14]有時也會誘發自體免疫疾病。

由此可知，無論是否來自感染性微生物，任何向人體發出「危險」訊號的物質，都有可能活化免疫系統並且引發自體免疫疾病。

「吃」代表安全，「被吃」代表危險

危險模型理論的概念，從生物演化出「顎」的同時也具備後天免疫系統的進化起源來看，也是有道理可循。

生物在「吃」的時候，會經由腸道吸收各種「非己」的物質。不過，免疫系統不會對這些「非己」物質起作用。因為這些物質是「吃下去」的東西，應該安全地被腸道吸收。這種現象稱為口服耐受性（oral tolerance），現在針對花粉症等過敏疾病所採用的減敏治療（hyposensitization therapy）便是利用這種機制，讓患者每次口服少量過敏原物質，使免疫系統不起作用。

不過，若是吃下去的食物含有病原菌或異物而導致腸道發炎，就會被認為是「危險」物質而引發免疫反應。在這種情況下，如果腸道本身就有發炎症狀，在吸收一般食物的同時也會吸收到發炎訊號，吃下去的食物便有可能被認為是「危險」物質而引起免疫反應。事實上，研究報告指出，過敏或自體免疫疾病患者的腸道都有輕微發炎症狀，各種細菌便趁機從腸道侵入體內，這就是前面所提到的腸漏症。目前已有各種研究，探討腸漏症會不會是導致自體免疫或過敏疾病的原因。

反過來說，如果抗原出現在「被吃」的情境中，便有可能被認為是「危險」物質而引發強烈的免疫反應。舉例來說，如眾所周知，物質經由皮膚吸收會比經口吸收更容易引起免疫反應。

像潛水員或救生員等工作內容與海洋有關的人，大多數都對納豆過敏，而且是被水母螫傷之後才出現過敏現象。[15]納豆的黏稠物質中所含的營養成分裡有聚麩胺酸（γ-PGA），水母的觸手也有同樣的物質。因此，被水母螫傷後，就會對納豆產生過敏症狀。聚麩胺酸是可以安全吃下去的營養成分，但是這種物質會在「危險」的情境下與水母的毒素一起經由皮膚進入人體，引發強烈的免疫反應並且導致過敏。

同理可證，食物過敏也是如此。二〇一〇年曾發生香皂裡含有小麥水解產物，導致使用者產生嚴重的小麥過敏。研究認為，小麥成分在食用上完全沒問題，但是製成香皂後經由皮膚上的傷口吸收進人體，就會引發強烈的過敏反應。蝦蟹過敏則是對構成節肢動物身體的原肌凝蛋白（tropomyosin）反應過度，但是研究也指出，吸入塵蟎時，蟑螂及壁蝨身上的原肌凝蛋白會經由呼吸道進入人體而不是經由消化道，有可能因此引發免疫反應而導致過敏。所以對蝦蟹過敏的人，大多數也對塵蟎過敏。

由上述可知，目前對於食物過敏的治療策略是極力避免「吃」進致病物質，未來或許要重新檢討這種方式。治療皮膚上的小傷口以及腸漏症，避免帶有「危險」訊號的致病物質進入人體，也許是治療過敏疾病的有效方式。

本章探討了脊椎動物的進化如何影響我們的免疫系統。脊椎動物後來又經歷了什麼樣的進化？與我們的疾病和免疫系統又有什麼關係？接下來，我想再深入了解牠們的故事。

註釋

1 譯註：Last Glacial Period，距今最近的一次冰期，發生於第四紀的更新世晚期，約始於十一萬年前，終於一萬二千年前。相當於人類的舊石器時代與中石器時代，當地球走出末次冰期，人類歷史即進入新石器時代。

2 譯註：「瀨戶」原指「狹窄的門」，由此引申為夾在陸地中間的水道（即海峽）。

3 周邊耐受性除了誘導調節性T細胞以外，也與免疫系統的忽視（ignorance）、刪除（deletion）、無反應（anagy）等機制有關。

4 脊索動物是身體背部有單一神經管、腹部有脊索的動物群，包括魚類、兩棲類、爬蟲類、鳥類、哺乳類等具有脊椎的動物，以及近親動物群頭索動物（文昌魚）和尾索動物（海鞘）。

5 *mSystems* 2019; 4: 00177e。

6 土屋健《機能獲得の進化史》，みすず書房。

7 *Nature* 2007; 446: 672、Nature 2013; 493: 175。

8 *Annu Rev Immunol* 2012; 30: 203。

9 藤田恒夫《腸は考える》，岩波書店。

10 *Proc Natl Acad Sci* 2011; 108: 3047、J Physiol 2004; 558: 263。

11 *Arthritis Care Res* 2023; 75: 174。

12 細胞會轉譯基因訊息來產生蛋白質，但是生產出來的蛋白質會經過化學修飾，使蛋白質的結構與活性發生變化，這就是所謂的轉譯後修飾。

13 *Science* 2002; 296: 301。

14 譯註：adjuvant，疫苗藥品的可能成分之一，主要功能為協助誘發、延長或增強對目標抗原產生特異性免疫反應。

15 *Allergol Int.* 2018; 67: 341、J Dermatol 2014; 41: 752。

第12章　哺乳類獲勝的代價

哺乳類的時代

研究認為，地球在約四十五億年前形成之初與小行星撞擊，分裂四散在太空中的碎片後來逐漸合併形成另一個星體，也就是月球。因此，月球自誕生至今，每年會以三．八公分的速度遠離地球。

四足動物約在距今四億年前的泥盆紀開始爬上陸地，當時地球與月球的距離比現在近百分之十，使月球的大小看起來是今天的兩倍左右。由於月球距離地球比現在更近，帶來更強大潮汐作用使地球每隔十五日就會出現強烈大潮。被大潮困在潮間帶的魚類，後來歷盡千辛萬苦進化成四足動物往陸地發展。[1]當研究人員調查最早爬上陸地的肉鰭魚類化石遺址時，發現與四億年前地球海岸線上容易因潮汐擱淺的地點高度吻合。

我們的祖先哺乳類動物，約誕生於二億二千萬年前。不過，對於身體柔軟的哺乳類動物來說，陸地決不是宜居之地。當時為了避免被全盛時期的大型爬蟲類（恐龍）及節肢動物捕食，哺乳類動物只能躲在陰暗處生活。

然而，距今約六千五百萬年前，猶加敦半島（Yucatan Peninsula）遭到巨大隕石撞出直徑一百五十公里的坑洞，地球生態自此劇變。巨大隕石撞擊造成了大災難（熱輻射、地震與大洪水）與大規模氣候變動（沙塵覆蓋導致寒冷化與後來的急速暖化），恐龍以及地球上約四分之三的生物因此滅絕。只有體型最小的生物才能熬過劇烈環境變化帶來的瓶頸效應，其中包括我們靈長類的祖先、體重不到六百公克的小型哺乳類動物普羅原猴（*Purgatorius*）。哺乳類動物適應了陸、海、空等各種環境並擴散至世界各地，填補了恐龍滅絕後遺留的生態空間，「哺乳類的時代」就此來臨。

本章將研究哺乳類動物的生存環境如何影響免疫系統，並探討它與困擾現代人的過敏疾病之間的關係。

一到春天就不停流鼻水、眼睛癢的科技公司職員

患者是二十二歲的男性，任職於科技公司，他一到春天就不停流鼻水及眼睛發癢。這種情況是幾年前突然開始的，之後每年都會發作，所以每到春天就要過著吃藥、點眼藥水、戴上特製護目鏡的生活。由於一到春天就眼睛發癢、流鼻水及咳嗽，使他做任何事情都不對勁，甚至嚴重影響了工作。他小時候曾罹患異位性皮膚炎與支氣管性氣喘，媽媽為了杜絕塵蟎等致病原，總是將家裡打掃得一塵不染。或許因為如此，自從他上了小學，異位性皮膚炎與支氣管性氣喘等症狀便不再發作。然而，當他踏出社會進科技公司工作後，症狀卻嚴重得令他不堪其擾。他為此感到憤憤不平，為什麼每年都要受此折磨？

病名是過敏

這名患者的症狀明顯是花粉症，也就是對花粉過敏。他所罹患的異位性皮膚炎、支氣管性氣喘、花粉症等疾病，加上蕁麻疹以及嚴重全身性過敏反應（anaphylaxis），[2]統稱為「過敏性疾病」。

過敏性疾病與自體免疫疾病並不相同。自體免疫疾病是免疫系統攻擊「自身」所引起的疾病，過敏性疾病則是免疫系統對某種環境物質反應過度所致。也就是說，兩者的差別在於攻擊對象是自身或者環境物質。

不過，兩者也有共同點，都是免疫系統反應過度所引起的疾病。本章所要探討的便是過敏疾病。

什麼是過敏反應？

過敏反應，主要是與血液中的免疫球蛋白E（IgE）抗體和肥大細胞（mast cell，儲存大量分泌顆粒的細胞）有關。

前面提到的自體免疫疾病，是由IgG型自體抗體所引起的疾病，但是過敏疾病則是與另一種IgE型抗體有關。兩者都是後天免疫，具有「記憶」功能。換句話說，過敏疾病只會由某種特定物質引起。舉例來說，一旦對雪松花粉產成過敏反應，往後就會一直對該物質產生反應。IgG型抗體是血清中含量最高的免疫球蛋白，約佔血清抗

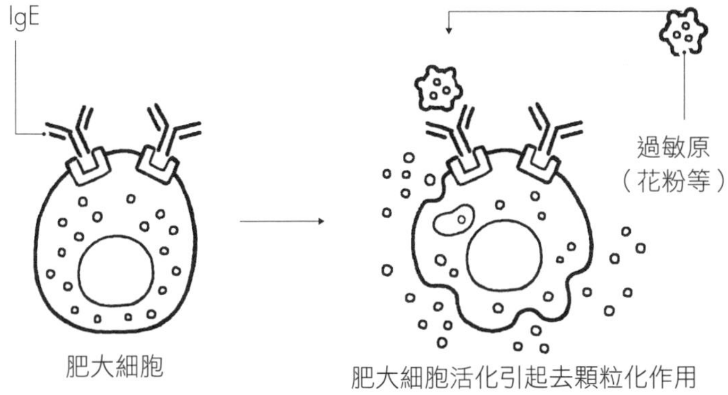

圖28／IgE與肥大細胞的去顆粒作用

體的百分之八十；相較之下，IgE型抗體的含量極微，甚至不到百分之〇・〇〇一。不過，含量極微的IgE對於微量的環境物質極為敏感，會引發不適症狀。

肥大細胞能以顆粒的形式大量儲存具有血管擴張效果的組織胺（histamine）。辨識抗原的IgE抗體若是與肥大細胞結合，肥大細胞就會將至今儲存的組織胺等漿液性物質一口氣釋放出來，這就是肥大細胞的去顆粒作用（degranulation），因而產生過敏疾病特有的打噴嚏、流鼻水、發癢等症狀。

過敏反應的特徵

過敏反應的特徵，是反應速度快得驚人。通常接觸過敏原後，短則數分鐘以內、長則三十分鐘以內就會產生過敏反應。例如接種疫苗時須留意是否出現過敏性休克（anaphylactic shock）的副作用，不過觀察時間最長也不會超過三十分鐘，這就是所謂的「立即性過敏」。反過來說，若是接種疫苗數日後才出現症狀，即認為是不同於一般「過敏」的免疫反應。[3]

過敏疾病與寄生蟲感染的奇妙相似之處

有一種疾病也與過敏疾病相似，那就是寄生蟲感染。過敏疾病與寄生蟲感染都會使IgE濃度上升。此外，血液中的嗜酸性白血球（Eosinophil granulocyte，產生過敏反應時會增加的白血球）也會增加。反過來說，醫師在判讀血液檢查報告時，若是發現IgE濃度上升或嗜酸性白血球增加，一定會先懷疑是否過為敏疾病或者寄生蟲感染。

野狼血液裡檢測出的IgE濃度，遠超出飼養的家犬與人類。研究認為，野生動物的IgE並不是由過敏原誘導而上升，而是寄生蟲感染所致。

遭到寄生蟲感染時，會出現類似過敏疾病的症狀，例如發癢、腹瀉、打噴嚏等等，這些症狀或可當作身體遭到寄生蟲感染時試圖擺脫寄生蟲的反應。換句話說，過敏反應可視為人體為了對抗寄生蟲而發展出來的免疫系統。

從前的生活環境裡充斥寄生蟲，能透過免疫反應汰除寄生蟲的人，不僅可藉此改善自己的營養狀況，也較容易成長茁壯。這會讓自己被選為配偶的機率大增，留下子孫後代傳承基因的機會也會提高許多。

然而，寄生蟲在現代的生活環境裡幾乎絕跡，如果「容易汰除寄生蟲」的基因對錯誤的目標發動攻擊，就會引發異位性皮膚炎或支氣管性氣喘等棘手的症狀。遺憾的是，現代環境裡充斥著各種化學物質，這些都有可能導致免疫系統失靈而陷入混亂。

一如第九章提到了自體免疫疾病與寄生蟲的關係，或許就是因為我們失去了寄生蟲這個「老朋友」，才會產生過敏疾病。

過敏疾病的演化論起源

話雖如此，從進化的觀點探討過敏疾病與寄生蟲的關係時，會發現一個疑點——免疫系統面對寄生蟲時，反應不要那麼靈敏會不會比較好？

過敏反應會在接觸致病物質後數分鐘內迅速產生反應，其中有些人會發生過敏性休克，以至血壓降低而情況危急。然而，為什麼非要用如此靈敏的免疫反應，對付寄生蟲這種繁殖緩慢的生物？如果只是把寄生蟲當成目標，實在無法解釋這種不合理的現象。

這一點可從另一種觀點來解釋。過敏反應是免疫系統為抗「毒」而發展出來的。[4]

為了抗「毒」的演化成果

脊椎動物在大約四億年前，演化出能夠自行產生抗體來保護身體的後天免疫系統。據研究指出，脊椎動物中僅有哺乳類在大約二億年前演化出能產生IgE型抗體的新型免疫系統。

身體柔軟的哺乳類祖先始終面臨帶毒生物的威脅，例如被爬蟲類啃噬、被蟲類螫刺。我們一看到蛇或蜥蜴等爬蟲類，還有蜘蛛或蠍子等節肢動物就會感到害怕，也許是源自哺乳類動物的遠古本能吧。這些生物為了在瞬間殺死哺乳類動物，於是經由演化產生「毒」。另一方面，哺乳類動物即使中了牠們的毒也必須想辦法解毒才能夠脫身。

解毒時，一般抗體無法中和所有毒素。即便曾經中過毒而形成免疫記憶，如果需要歷時數日才能產生IgG型抗體對抗毒素，最後還是會被毒死，或者在虛弱狀態下被殺死。

因此，哺乳類動物的免疫系統演化出了IgE型抗體，能夠對毒迅速產生特異性的反應。

大量存在於皮膚的肥大細胞，實際上富含組織胺以及類胰蛋白（tryptase）、凝乳酶（chymase）、羧肽酶（carboxypeptidase）等蛋白酶（protease）。這些物質能分解蛇或蠍

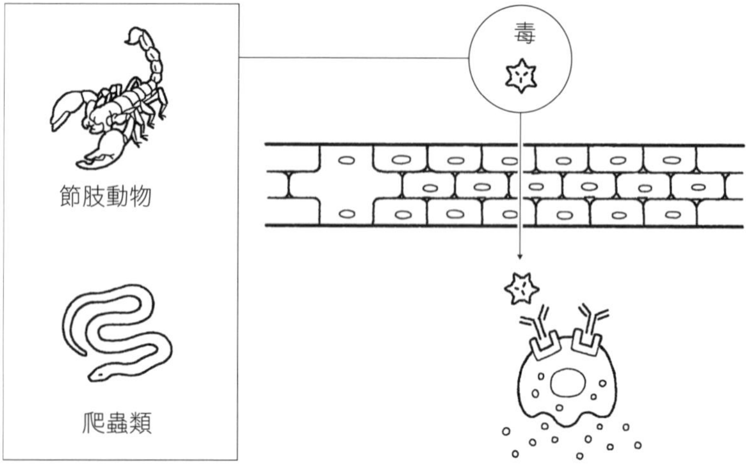

圖29／有毒假說

子由多胜肽鏈（polypeptide chain）構成的毒素。當IgE型抗體與這些物質結合，會在瞬間釋放多種蛋白質酶，從局部將毒素一次分解。IgE免疫球蛋白只能中和一種標靶分子，但這種方式能在偵測到微量毒素時順帶分解其他有毒成分。IgE免疫球蛋白的優勢在於能夠一對多，需要迅速反應時最能派上用場。當IgE抗體刺激肥大細胞一口氣釋放組織胺，進而引發嘔吐、腹瀉、咳嗽或打噴嚏等症狀，也有助於將毒素排出體外。此外，研究認為，釋放組織胺導致血壓下降，有助於防止「毒」擴散到全身。

實際研究發現，無法產生肥大細胞或IgE抗體的實驗鼠，由於對蛇毒與蜂毒沒有抵抗力，一旦接種這些毒素，死亡機率相當高。[5]

再者，過敏反應有助於分解金黃色葡萄球菌的毒素。金黃色葡萄球菌定居在百分之二十至五十的健常人皮膚上，以及百分之九十的異位性皮膚炎患者皮膚上，這種細菌便是造成異位性皮膚炎惡化的主因。研究報告指出，讓皮膚感染金黃色葡萄球菌的動物實驗中，若是移除實驗動物體內的IgE抗體與肥大細胞，就會無法分解金黃色葡萄球菌的毒素而引發全身性菌血症。[6]

由此可知，過敏反應可視為哺乳類動物因應中毒的緊急危險訊號而演化出的免疫系統。

過猶不及

免疫反應是因應中毒的緊急情況而演化出的機制，或許有些人對這種說法仍然存疑。舉例來說，若是中了蜂毒等毒素而啟動免疫反應，嚴重時可能會引起過敏性休克，不僅無法解毒，還有可能過猶不及，反而因為免疫反應啟動而喪命。如此一來，就與中毒之後為了生存而演化出過敏反應的觀點自相矛盾。哺乳類動物為什麼會經由天擇傳承如此不合理的免疫系統？

探討這一點時必須先了解，產生嚴重過敏反應而引起過敏性休克的人僅是少數。從本書所提到的天擇觀點來看，為了讓整個哺乳類對毒擁有一定程度的抗性，或許有必要容許部分個體產生嚴重的過敏反應。

研究認為，IgE抗體是原始抗體的亞群IgY基因偶然在基因重複（gene duplication）時產生，因而形成能與肥大細胞結合的亞群特異性抗體。IgE抗體是偶然基因重複的結果，如今所有哺乳類動物都擁有IgE抗體，可見它對哺乳類動物的生存何等重要。換句話說，儘管部分個體可能會面臨危急性命的嚴重過敏反應，但是整個哺乳類有可能因此獲得含有IgE抗體的免疫系統而對毒產生抗性，有利於在充滿毒的環境中生存。

為什麼忍不住想替獴加油？

當我們看到蛇與獴（mongoose）相鬥時，為什麼忍不住想替獴加油？對獴情有獨鍾的作家R・O・皮爾斯說道：「蛇最大的天敵……恐怕是獴。任何野生動物都比不上這個小傢伙，那麼嬌小的身體裡充滿了奮不顧身的勇氣。」

獴為何能戰勝眼鏡蛇等蛇類？現在還無法完全解開箇中之謎。常見的說法是，雖然獴同樣無法抵抗眼鏡蛇的毒素，但是牠反應靈敏且皮毛厚實，所以能打敗眼鏡蛇而不被咬傷。另一種說法則是根據研究報告，蛇毒屬於神經毒素，與乙醯膽鹼（acetylcholine）受體結合後能使肌肉鬆弛；但是獴的乙醯膽鹼受體發生變異，能夠阻止與蛇毒結合。還有一種可能的說法，獴或許能夠活化對抗眼鏡蛇毒的IgE免疫系統，並且局部分解毒素。

目前尚不清楚，野生獴是否擁有能夠抵抗眼鏡蛇毒的IgE抗體。不過，如果解開其中謎團，我們也許將見證哺乳類動物的過敏反應對爬蟲類動物的驚人勝利吧。

註釋

1 *Proc. R. Soc.* A 2014; 470: 20140263。

2 嚴重全身性過敏反應，指的是對外來抗原產生過敏反應，造成皮膚（如蕁麻疹）、呼吸道（如支氣管性氣喘發作）、循環系統（如血壓下降）等多種器官出現症狀，導致性命危急的狀態。情況嚴重時會引發過敏性休克。

3「立即性過敏」與IgE抗體和肥大細胞有關，接觸過敏原後數分鐘內即產生反應，一般稱為「過敏」。另一方面，接觸過敏原後數日才產生反應的稱為「遲發性過敏」，與一般「過敏」的差別在於其是由不同的機制所引起，例如免疫系統中的T細胞。

4 *Front Immunol* 2017; 8: 1749。

5 *Immunity* 2013; 39: 963、*Science* 2006; 313: 526。

6 *Immunity* 2020; 53: 793。

第13章　邂逅舊人類與新型冠狀病毒

智人離開非洲

由於巨大隕石撞擊地球造成大規模滅絕，倖存的小型哺乳類動物以此為契機，歷經數千萬年的時間改變形態，適應了陸、海、空等各種環境並擴散至世界各地。靈長類也在二百五十萬年前，在「人類演化搖籃」之稱的非洲森林深處開始演化。直立人（*Homo erectus*）、海德堡人（*Homo heidelbergensis*）與尼安德塔人（*Homo neanderthalensis*）等各種人族（*Hominini*，靈長目人亞科）相繼登場後，我們智人在距今約二十萬至十五萬年前登場。智人在盛產果實及水果的森林深處發展出智慧，並在距今約十萬至五萬年前離開非洲，擴散至世界各地。

不過，智人為什麼要離開非洲舒適區、擴散至世界各地呢？

我們現代人[1]同樣對於「未知」有著難以抗拒的渴望，古代人類或許便是因此踏上穿越阿拉斯加冰川的旅途，現代的人類也因為這份渴望而不斷探索太空及深海。

但另有一種說法認為，智人之所以離開非洲，是因為氣候變動導致森林資源減少，在生存競爭中落敗的人們因此被趕出非洲森林。

自古以來，地球因地軸擺動造成周期性的劇烈氣候變化。距今約二十萬至十二萬年前正值冰河時期，當時的智人銳減至僅剩數百人，面臨滅絕的危機。[2]後來在距今十二萬至八萬年前，氣候變得溫暖濕潤，草原遍布現今的撒哈拉沙漠地區，為智人創造了勇闖世界的環境。然而，與現代人有關的智人族群，並不是在這段時期遠離非洲前往歐亞大陸。我們的祖先是在距今大約七萬五千年至五萬五千年前，當地球再次陷入寒冷乾燥的嚴苛環境時離開非洲森林。[3]

這趟旅程絕不輕鬆，智人在長途跋涉中失去了許多同胞，他們依然繼續遷徙，居住在嚴冬時期也能取得貝類等食物的沿海洞穴裡以維持性命，最後穿越阿拉伯半島輾轉來到歐亞大陸。

然而，當智人終於來到歐亞大陸之時，早期人類（Archaic humans）[4]卻早在數十萬年前就離開非洲，在這片寒冷的土地上經歷了數個冰河時期。

本章將探討智人與早期人類的相遇，如何影響我們的免疫系統與疾病。

出現乾咳與呼吸困難的急診醫師

患者四十五歲，是醫院急診室的醫師。他前往香港參加國際學術會議，搭飛機返國之後便乾咳不斷。起初他以為只是普通感冒，但是過了幾天後，症狀嚴重到呼吸變得困難，手指的伸肌（手背）處開始出現紅斑，指尖也有潰瘍，於是在醫院接受詳細檢查。經過急診檢查後，發現他的血氧飽和度只有百分之八十五（百分之九十以下會出現呼吸衰竭等症狀），便緊急安排胸部電腦斷層攝影（胸部ＣＴ）。透過ＣＴ發現，他的肺野（lung field）出現毛玻璃樣病灶的陰影，經診斷為急性間質性肺炎。儘管他在加護病房的同事用人工心肺機等各種方式極力搶救，他仍是不敵病魔，三個星期後宣告不治。

自體免疫引起的肺炎

如果這名患者是在二〇二〇年發病，或許會懷疑他是否感染新冠肺炎。不過，這名患者是在二〇〇三年就醫治療。

事實上，以日本為中心的東亞地區，常見伴隨皮膚症狀且病程進展快速的間質性肺炎，患者的手指伸肌處會出現紅斑或者指尖有潰瘍、上眼瞼則出現紫紅色斑等症狀。手指伸肌處的紅斑為Gottron氏徵候（Gottron's sign），上眼瞼的皮疹為向陽性紅疹（heliotrope rash），以上皆是皮肌炎的特有症狀。皮肌炎除了造成皮膚發炎以外，肌肉也會發炎，血液檢查時若是發現肌磷酸激酶（CPK）數值上升，即表示肌肉細胞遭到破壞。但根據多年的經驗，有些患者就像這名急診醫師一樣，並沒有出現肌肉發炎症狀，卻有伴隨皮膚症狀的嚴重間質性肺炎，這種情況稱為無肌病性（沒有伴隨肌炎）皮肌炎／間質性肺炎。話說回來，當年我以實習醫師的身分接觸結締組織疾病的臨床實習，學到的是「遇到沒有肌肉發炎症狀的皮肌炎患者要特別留意，他們有可能併發間質性肺炎」。這種疾病的病因始終成謎，直到二〇〇九年慶應大學與京都大學的研究人員發現，這些患者體內都帶有針對MDA5的自體抗體（抗MDA5抗體）。換句話說，這是由於「自體免疫」引起的肺炎。

「危險」的訊號

MDA5是先天免疫的感應器，可辨識雙股RNA病毒。MDA5能夠偵測小RNA病毒（Picornaviridae）與冠狀病毒（coronavirus）等數種病毒感染並活化。活化的MDA5會生產大量第一型干擾素等能有效抵抗病毒的發炎性細胞激素，誘導人體啟動防禦機制。

若是罹患抗MDA5抗體陽性的皮肌炎／間質性肺炎，病程會在數星期內迅速惡化，導致極為嚴重的間質性肺炎，約有半數患者會死亡。然而，患者一旦熬過急性期，幾乎不會出現死亡案例。[5]再者，由於這種疾病中被自體抗體視為標靶的MDA5是能偵測病毒感染的病毒感應器，因此懷疑這種疾病是由某種病毒感染所引起的自體免疫疾病。也就是說，這種疾病是遭到病毒感染而引發細胞激素風暴（cytokine storm），[6]失控的免疫系統因此對自身組織的肺部發動攻擊，引起間質性肺炎。

目前有一種備受矚目的傳染病與這種疾病十分相似。

那就是新冠肺炎。

與新冠肺炎的奇妙相似之處

觀察胸部CT，會發現新冠肺炎與抗MDA5抗體陽性皮肌炎間質性肺炎的影像極為相似。這兩種疾病不僅肺炎症狀的影像特徵十分相似，在數星期內迅速惡化至呼吸衰竭的病程也如出一轍，因此備受學會與醫學雜誌矚目。[7]

這兩種疾病不僅影像特徵雷同，臨床表現也有許多相似之處，例如出現細胞激素風暴導致過度發炎的病理表現、常伴隨皮疹及關節疼痛和肌肉痛、發炎指數鐵蛋白（ferritin）濃度過高、容易因血管發炎造成血栓等等。

再者，類固醇（可抑制過度的免疫反應與發炎症狀的藥劑）與Janus kinase（JAK）抑制劑（抑制第一型干擾素等訊號的藥劑）等抑制免疫反應的藥劑，同樣能用於治療皮肌炎與新冠肺炎。

不過，造成這兩種疾病的原因並不相同。皮肌炎間質性肺炎是由於自體免疫所引發的肺炎，所以罹患這種肺炎的患者不會透過人際接觸傳播病毒。另一方面，新冠肺炎屬於傳染病，只要接近咳嗽的患者就會被傳染。

通常由感染引起的肺炎，抑制患者的免疫功能會導致肺炎惡化。因此，新冠肺炎爆發初期，醫療人員並沒想過採用抑制免疫功能的療法，以至疫情初期對於新冠肺炎惡化成重症幾乎束手無策。不過，自從以抑制免疫反應的藥物進行治療後，新冠肺炎的治療成果即大幅提升。

由此可知，這兩種肺炎都是「免疫系統失控」作祟所引起的肺炎。

新冠肺炎惡化成重症與源自尼安德塔人的基因有關

也許有人還記得，新冠肺炎病毒引爆疫情之初，有媒體報導指稱「新冠肺炎惡化成重症與源自尼安德塔人的基因有關」。

新冠肺炎惡化成重症的機率存在顯著的地域差異。研究指出，比起歐洲人，包括日本人在內的東亞人與非洲人不容易惡化成重症。造成這種差異的原因，與第三號染色體[8]上的一系列基因組有關。

如果相關的基因組都位於同一染色體上，與其假設這些基因的突變是隨機發生，不如懷疑是在「某個時間點」與擁有這種基因的「某人」交配的結果。

研究認為，尼安德塔人就是帶有這種基因的「某人」。[9]

源自尼安德塔人的基因，具有什麼樣的特性？為什麼與新冠肺炎惡化成重症有關呢？

我們為何如此不同？

我們現代人的容貌，因人種不同而有極大差異。歐洲人是白皮膚，非洲人是黑皮膚，亞洲人是黃皮膚，不僅如此，長相、體格、肌力也都相去甚遠。有人認為「環境」因素可以解釋為何有如此差異，例如歐洲人的白皮膚，是為了適應日照時間短的北方環境。但是再舉個例子，亞洲人即使數代以來都住在北方，他們的皮膚也不會像歐洲人那樣白皙。若是將一切歸因於環境，我們之間的差異未免太大。可想而知，有人會認為或許與「基因」有關，但這是可能引發種族歧視的敏感問題，所以並沒有對此深入研究。

二〇一〇年，斯萬特・帕博博士（Svante Pääbo，二〇二二年諾貝爾生醫獎得主）從克羅埃西亞文迪亞洞穴（Vindija Cave）出土的三具尼安德塔人遺骸中提取DNA，與現代人相比較，[10]結果有了驚人發現。現代人之中，撒哈拉沙漠以南的非洲人並沒有尼安德塔人的基因，[11]可見他們是純種的智人。至於非洲人以外的現代人，源自尼安德塔人的基因序列則是以不同的比例混合。歐洲人的基因序列中約有百分之一至四、亞洲人約有百分之一至二，與尼安德塔人遺骸中提取出來的特有基因序列一致。

斯萬特・帕博博士接著再分析俄羅斯丹尼索瓦洞穴（Denisova Cave）出土的丹尼索瓦人骨片DNA，發現了更驚人的事實。東亞人的基因之中約有百分之〇・二、澳洲原住民的基因之中約有百分之五，與丹尼索瓦人固有的基因序列一致。

根據這份研究報告，我們現代人並

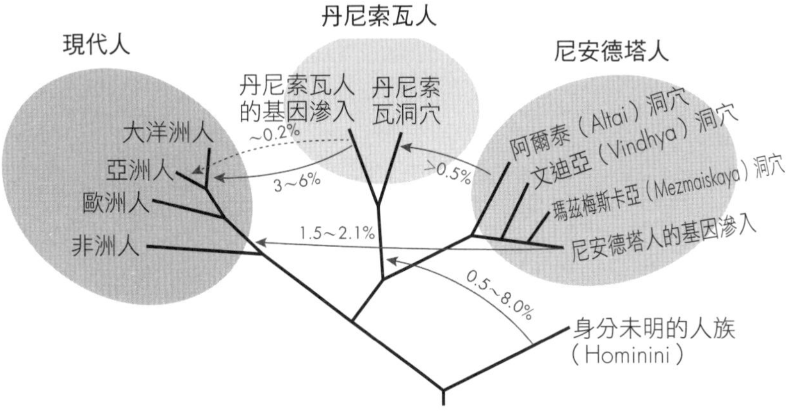

改編自 *Nature* 2014; 505: 43

圖30／尼安德塔人與現代人的基因交流

不是純種，而是智人與尼安德塔人、丹尼索瓦人雜交的混血後裔。純種的智人僅有非洲人，歐洲人及亞洲人體內則是流淌著早期人類的血液。

這與目前認為智人起源於非洲，隨後擴散至世界各地的觀點一致。留在非洲的智人並沒有遇見尼安德塔人，自然不存在混血一事。至於穿越阿拉伯半島來到歐亞大陸的智人，則是與尼安德塔人相遇混血生下歐洲人；與尼安德塔人混血的智人遷往亞洲途中，再與丹尼索瓦人相遇混血生下亞洲人。

我們為何如此不同？這項發現，或許開啟了有關種族差異的潘朵拉盒子。儘管如此，從遺骸中提取的基因，如實陳述了這項事實。

尼安德塔人是什麼樣的人？

尼安德塔人究竟是什麼樣的人種？

尼安德塔人有「最強人族（靈長目人亞科）」之稱，相比現代的我們，身高較矮，體重卻多了百分之十五，骨骼粗壯，全身肌肉強健結實。至於膚色白皙的特徵，據認為是四十萬年來經歷數次冰河時期，為了適應寒冷且日照時間短的高緯度地區所致。尼安德塔人的腦容量[12]比智人大，現代人的成年男性腦容量平均為一千四百五十立方公分至一千五百五十立方公分。尼安德塔人頭蓋骨前後較長，後腦杓有一小塊突出的骨頭，稱為「尼安德塔人的髮髻」。同時他們顴骨高聳且鼻梁突出，下顎寬、咽喉短。此外，和語言及發聲有關的基因具有與智人同樣的變異，[13]推測至少擁有某種程度的語言溝通能力。

尼安德塔人會用松脂與蜜蠟混合的黏著劑製作帶柄的長矛，狩獵猛瑪象等大型動物。他們的石器與骨器上有鞣製皮革時所產生的獨特磨損痕跡，顯示他們擁有純熟的皮革加工技術，能夠製作衣服，也會將鳥類的羽毛及鳥爪、貝殼等物品用於裝飾。居住的岩洞裡有爐灶，可見他們也懂得用火。遺蹟中還發現有的遺骸是生前患病但依然活了一段時間，有的則是經過悉心下葬；由此可知，他們會照顧傷病者，並且哀悼死者。由於尼安德塔人遺留在石灰岩棚上的深邃刻痕是有意為之的圖案，研究認為這就是他們與智人同樣具有抽象思考能力的證據。[14]

尼安德塔人滅絕之謎

與智人一樣懂得使用工具也擁有靈性的尼安德塔人，卻在約四萬年前智人現跡之時，從地球上失去蹤影。尼安德塔人與智人初次相遇之際，研究認為前者已在天寒地凍的歐洲適應了四十萬年，應當擁有較高的文化水準。證據可從遺蹟中看出，智人離開非洲來到阿拉伯半島，初次與尼安德塔人相遇時，起初智人是被趕走的一方。不過，後來在歐洲愈來愈少看到尼安德塔人的遺蹟，取而代之的是不斷擴大的智人遺蹟，可見尼安德塔人的滅絕與智人勢力擴張息息相關。

沒有證據顯示兩個群體在當時爆發過大規模戰爭，但是有發現他們共同生活過的遺蹟，因此智人不太可能故意攻擊尼安德塔人。此外，也沒有證據顯示接觸智人會使尼安德塔人感染致命的傳染病。既然如此，為什麼擁有高度文化水準且在歐洲適應了四十萬年之久的尼安德塔人，卻在世上滅絕了呢？

研究認為，尼安德塔人可能是在與智人爭奪糧食的生存競爭中落敗而逐漸消失。

如眾所周知，當兩個擁有同等生存資源的群體生活在同一個地方時，適應能力較弱的一方就會經由「天擇」而淘汰。

智人在世界各地擴張勢力時正值末次冰期，正是氣候變動導致糧食短缺的時期。

按理說，耐寒的尼安德塔人應該具有競爭優勢。他們肌肉強健，適合生存在寒冷的冰河時期，並且也懂得製作衣服及用火。但另一方面，由於他們渾身肌肉且腦容量大，需要

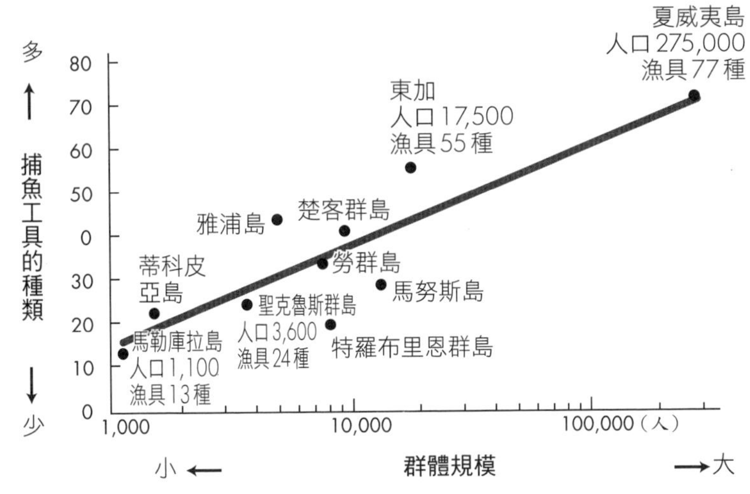

構成群體的人數規模愈大，漁獵工具的種類愈多，進而帶動技術革新。

改編自 *Proc Biol Sci* 2010; 277: 2559

圖31／群體規模與漁獵工具種類數

攝取大量熱量才能維持生命，糧食短缺對他們而言可能是不利的因素。當冰河時期只有他們這一群體時，還能勉強取得食物，但是擅長狩獵的智人一出現，便成了尼安德塔人的致命傷。

此外，智人比尼安德塔人更多產。尼安德塔人在遇見智人之前，因盛行近親繁殖而導致遺傳多樣性降低。智人的多產不僅影響人口規模，技術進步更是造成兩者差異的重要關鍵。

根據人類演化生物學家約瑟夫・亨里奇（Joseph Henrich）提出的「群體腦」假說，[15]構成群體的人數愈龐大，當中有人偶然有了新發現並與整個群體分享，就會帶動技術革新。另一方面，群體密度若是太低，最後會使技術後繼無人。

開始過著龐大群體生活的智人，最終發明了擲矛器（atlatl），並且訓練犬隻用於狩獵，他們有可能創造了前所未有的狩獵方式，因而在面對尼安德塔人時佔盡優勢。尼安德塔人或許只能落寞地看著自己走向滅亡。

源自尼安德塔人的基因特徵

源自尼安德塔人的基因，具有什麼樣的特徵？

尼安德塔人大約在四十萬年前離開非洲，隨後在歐洲、西亞與西伯利亞等地度過了漫長嚴苛的冰河時期。因此，他們對於細菌感染的抵抗力極強。

舉例來說，源自尼安德塔人的基因中，類鐸受體（ＴＬＲ）是能夠辨識細菌分子結構的先天免疫受體，其中TLR1、TLR6、TLR10基因的表現量相當高。

研究人員曾使用提取自遺骸中的尼安德塔人基因，以及可能是純種智人後裔的非洲人基因來進行實驗，讓細胞產生ＴＬＲ蛋白，結果發現源自尼安德塔人的基因能產生更多ＴＬＲ蛋白。也就是說，尼安德塔人的基因更能靈敏辨識細菌感染，並且抵抗力極強。

此外，源自尼安德塔人的基因特徵，或許是有利於之後的生存，於是被現代人透過雜交納為己用，再經由天擇傳承下來。

另一方面，這種「容易活化免疫系統」的基因，對於免疫系統失控所引起的疾病是有害的，據知導致現代人易罹患過敏疾病與支氣管性氣喘的五十八種基因中，有十二種源自尼安德塔人的基因。

不僅如此，與新冠肺炎惡化成重症有關的基因，也有可能是源自尼安德塔人「容易活化」免疫系統的基因所造成。

與尼安德塔人雜交之地

研究人員曾著手調查與新冠肺炎重症有關的第三號染色體，究竟是在何時滲入現代人的基因。

帕博博士曾將提取自三具尼安德塔人遺骸的DNA——南歐克羅埃西亞約五萬年前的遺骸、西伯利亞阿爾泰（Altai）約十二萬年前的遺骸、恰吉爾斯卡亞（Chagyrskaya）約六萬年前的遺骸——與現代人的基因相比較。結果發現克羅埃西亞的尼安德塔人擁有造成新冠肺炎重症的十三種風險基因，且有十一種屬於同型結合。

另一方面，阿爾泰與恰吉爾斯卡亞出土的尼安德塔人遺骸擁有的風險基因中，只有三種屬於同型結合。由此可知，尼安德塔人將新冠肺炎風險基因傳遞給現代人，是發生在南歐。[16]

至於未與尼安德塔人雜交的撒哈拉以南非洲人則是一如預期，體內沒有任何源自尼安德塔人的新冠肺炎重症基因。另一方面，百分之八至十六的歐洲人具有源自尼安德塔人的新冠肺炎風險基因。此外，東亞人雖然也繼承了尼安德塔人的基因，卻幾乎沒有攜帶新冠肺炎風險基因。這一點與流行病學的觀點一致，也就是歐洲人罹患新冠肺炎容易惡化成重症，非洲人及東亞人不容易惡化成重症。

風險基因再次被選擇

不過，如果仔細觀察源自尼安德塔人的新冠肺炎重症基因攜帶比例，即可發現一些變化。

令人驚訝的是，以亞洲地區來說，南亞有三成的人攜帶這種基因，比例最高的是孟加拉，高達百分之六十三以上的人攜帶這種基因。目前的人類擴散理論認為，現代人是從阿拉伯半島至南歐一帶獲得尼安德塔人的基因並往東擴散，但是單憑這項定論無法解釋南亞攜帶源自尼安德塔人的新冠肺炎風險基因比例極高的現象。

科學期刊《自然》（*Nature*）曾探討其中原因，推測南亞可能再次發生天擇而傳承了這些基因。

包括孟加拉在內的南亞地區，是霍亂等經水傳播的細菌性傳染病肆虐的地區。至今仍有許多印度教徒維持千年來的傳統在恆河口沐浴，不過，這條被視為能洗淨一切的「聖河」，卻也是上游村莊所有民生污水及穢物流經的「髒河」，成為腸道傳染病的溫床。此外，位於孟加拉的恆河三角洲，已爆發多起霍亂等大規模腸道傳染病疫情。因此，源自尼安德塔人的活化免疫系統的基因，有可能在南亞被選為抵抗細菌感染的基因。科學家實際調查了孟加拉恆河三角洲地區居民的基因，發現經由霍亂天擇的痕跡十分明顯。[17]

分析源自丹尼索瓦人的基因，可觀察到源自早期智人的基因再次獲選。事實上，住在喜馬拉雅與尼泊爾高地的藏族中，有八成人攜帶源自丹尼索瓦人的EPAS1基因變異。研究認為這種基因有利於適應氧氣稀薄的高地環境，於是經由天擇集中出現在當地居民身上。

另一方面，尼安德塔人能夠活化免疫系統卻導致冠狀病毒重症的基因，在東亞可能是被反向天擇而淘汰。東亞至今已發生多次SARS等由於冠狀病毒引起的疫情，或許是因為這一帶有許多冠狀病毒帶原者蝙蝠的棲息地所致。東亞有可能因病毒多次肆虐，於是自然淘汰了攜帶冠狀病毒重症基因的人。實際調查東亞人的基因，可發現約二萬五千年前曾發生大規模冠狀病毒疫情的痕跡。[18]反向天擇的作用，也許是包括日本在內的東亞人罹患新冠肺炎甚少惡化成重症的原因（X因子）。

新冠病毒傳染病是能用自體免疫疾病藥物有效治療、含有多項自體免疫特徵（免疫系統異常活化）的傳染病。傳承自尼安德塔人「容易活化免疫系統」的基因，儘管對於霍亂等細菌性傳染病的抵抗力極強，對於冠狀病毒這種由於免疫系統失控所引起的疾病卻有惡化成重症的風險；而這種基因便在歐洲、南亞、東亞等地經由不同環境的天擇傳承至現代。

我們體內的尼安德塔人

如今已無法直接得知，腦容量比我們更大的尼安德塔人，究竟是以什麼樣的靈性觀點看待世界。不過，我們的體內流淌著他們的血液，想必也傳承了一些尼安德塔人的行為舉止。因此，了解源自尼安德塔人的基因有何功能，也是藉此窺見他們生活方式以及所處世界的方法。

當我們觀察現代人的生活習慣中，與攜帶尼安德塔人基因的比例高度相關的行為模式時，有一個習慣特別引人注目——那就是白天想睡覺、夜晚想活動（也就是「夜貓子」）。這項特點與尼安德塔人適應夜晚較長的北方環境一致。如果你白天工作時始終無法集中精神，到了晚上卻精神抖擻，那可能不是你的問題，而是你體內的尼安德塔人造成的。[19]

註釋

1 譯註：*Homo sapiens sapiens*，晚期智人，又稱「解剖學意義上的現代人」。一般限指西元前一萬年至今，即新石器時代以後的人類。

2 篠田謙一編《化石とゲノムで探る人類の起源》，別冊日経サイエンス。

3 *Nature* 2016; 538: 92。

4 譯註：指智人以外的人屬物種。

5 *Rheumatology* 2010; 49: 433。

6 細胞激素風暴，指的是由於某種因素，使血液中產生過多引起發炎反應的細胞激素，導致免疫系統失控，並造成多種器官損傷的狀態。

7 *Clin Exp Rheumatol* 2021; 39: 631。

8 染色體位於細胞核內，由DNA及組織蛋白互相纏繞成線圈狀的結構。人類的細胞核含有二十三對、共計四十六條染色體。

9 *Nature* 2020; 587: 610。

10 *Science* 2010; 328: 710。

11 根據後來的研究報告顯示，非洲人體內也混雜了源自尼安德塔人的基因。據推測，有一群智人離開非洲與尼安德塔人相遇並交配，後來又重返非洲。

12 譯註：男性約一千六百立方公分，女性則約一千三百立方公分。

13 智人和尼安德塔人在有關語言發聲的FOXP2基因中具有相同的變異，因此有別於其他人族。由此可推測，尼安德塔人與智人具有相近的語言能力。

14 Rebecca Wragg Sykes《ネアンデルタール》，筑摩書房。

15 美國哈佛大學約瑟夫·亨里奇博士在觀察太平洋狩獵民族的群體規模（人口）與捕魚工具的種類

時，發現構成群體的人數愈多，狩獵及漁撈的工具種類愈豐富。於是根據這項結果提出了「群體腦」假說，當群體愈龐大，其中的個體若是將所學與整個群體分享，就會促進技術革新。

16 *Nature* 2020; 587: 610。
17 *Sci Transl Med* 2013; 5: 192ra86。
18 *Curr Biol* 2021; 31: 3504。
19 *Am J Hum Genet* 2017; 101: 578。

第14章　農耕革命的光與影

五萬年旅程的終點

離開非洲的智人，藉著追獵猛獁象等巨型動物，擴散至世界各地。他們展開了無止盡的遷徙，美洲原住民的口述歷史也記載，人類跨越歐亞大陸抵達東亞後，穿過當時仍與陸地相連的白令海陸橋，再徒步遷徙至南北美洲大陸。[1]他們的生活方式基本上是狩獵採集生活，平時靠著果實或貝類等任何能吃的食物果腹，並在捕獲大型獵物時與眾人分享，數萬年來都是如此生存。

然而，距今約一萬年前，四處遷徙的部族（集體遷徙的群體）中，有些部族開始定居下來。他們將旅途中攜帶的小麥、豆子、南瓜等種子灑在合適的土地而收穫甚豐。他們因此有了心得，若是挑選產量最高的種子種下去，下一季的收成會更可觀。此外，他們也從中學習到，不必殺掉過去一直追獵的牛、豬、山羊、綿羊或雞等動物，而是挑選其中性情溫馴的加以飼養，藉此獲得馴良的家畜。

人類便透過這種方式掌握貫穿生命的進化秘密，並且靈活運用，不需追捕獵物也能獲取食物。落地生根的部族，由於食物來源豐富無虞，孩子愈生愈多，世界各地自此出現許多村莊。

人類這種生活方式後來稱為「農耕革命」。本章將探討這項改變如何影響我們的免疫系統。

腹瀉不止的印尼留學生

患者是二十一歲、來自印尼的女性留學生。她以優秀成績自印尼的國立大學理學院畢業，隨後錄取公費留學生遠從印尼來到日本。然而，她來到日本的六個月期間，經常腹瀉與腹痛。她以為是不習慣日本的飲食所致，但是腹瀉情況不僅變嚴重，還混有血便，後來更是感到關節疼痛，小腿也長了紅色腫塊，而且一摸就痛，於是前往醫院就診。自從來到日本，她已經瘦了十公斤。

在醫院詳細檢查的結果，她罹患的是「克隆氏症」。

什麼是克隆氏症？

克隆氏症是包括大腸在內的腸道出現發炎症狀，造成潰瘍或沾黏的發炎性腸道疾病，[2]好發於年輕族群。症狀特徵是腸壁如鋪路石般凹凸不平、潰瘍呈縱走式的型態，結果導致腸道內壁變狹窄而引發腸阻塞（ileus），發炎狀況則會導致腸與腸沾黏而形成瘻管。因此，患者會出現劇烈腹痛，嚴重時可能會因為腸穿孔或腸阻塞而緊急送醫。治療時會採用禁食讓腸道休息，若是經過藥物治療能改善發炎狀況，也能慢慢恢復正常飲食。近年來由於開發了阻斷發炎性細胞激素及其訊號的藥劑，治療成果已有顯著改善。克隆氏症不僅僅是腸道發炎，關節、皮膚、眼睛等全身各個器官都會出現發炎症狀，舉例來說，眼睛若是引發虹膜炎（Iritis），可能會有失明的風險。至於這名女病患小腿上的腫塊，則是結節性紅斑。因克隆氏症常併發關節炎，可能會被誤認為是類風濕性關節炎。

克隆氏症的病因乃是自體免疫異常，導致腸道及皮膚、眼睛、關節等各個器官產生肉芽腫（結節狀的肉芽組織）。以顯微鏡觀察克隆氏症的肉芽腫活檢，會發現是由類上皮細胞（由上皮樣細胞的巨噬細胞轉化而來的細胞）所構成。這種肉芽腫會浸潤腸道等組織，造成潰瘍或沾黏。

克隆氏症與結核病的奇妙相似之處

研究人員曾利用生物資訊學的方法，探討哪些傳染病影響了與克隆氏症有關的基因的天擇，結果發現了包括結核病在內的耐酸性結核桿菌傳染病。[3] 腸道疾病克隆氏症與結核病這類呼吸道傳染病，究竟有何關連？

事實上，結核病不是只感染肺部的疾病，結核桿菌有時也會感染腸道，稱為腸結核。不僅如此，腸結核亦是鑑別克隆氏症的重要疾病。若是有患者像案例中的女病患來自東南亞等結核病流行地區，並且出現發炎性腸道疾病時，就必須排除結核病的可能性。

以消化道內視鏡觀察比較克隆氏症與腸結核時，即可發現兩者十分相似。腸結核也會產生與克隆氏症類似的潰瘍性病變。再者，將病變組織進行活檢，發現兩者都有相似的類上皮細胞肉芽腫。

不過，結核病屬於傳染病，所以肉芽腫的中心區域存在結核桿菌，周圍則呈乾酪性壞死（caseous necrosis）。這是巨噬細胞為防止結核桿菌大舉入侵，於是包圍病灶形成肉芽腫。另一方面，克隆氏症的肉芽腫中心區域沒有任何東西，因為什麼都沒有，所以是免疫反應引起肉芽腫。

由此可知，克隆氏症與腸結核具有相似度極高的腸道病變。

克隆氏症的治療藥物——腫瘤壞死因子（TNF）阻斷劑

結核病中，巨噬細胞會分泌TNF等發炎性細胞激素包裹結核桿菌而形成肉芽腫。至於克隆氏症，儘管沒有遭到結核桿菌感染，但是巨噬細胞分泌TNF之餘也會形成肉芽腫。

近幾年來，由於開發了效果卓越的腫瘤壞死因子阻斷劑等生物製劑，為治療克隆氏症帶來劃時代的重大意義。不過，曾經罹患結核病的克隆氏症患者若是使用腫瘤壞死因子阻斷劑，封住結核桿菌的肉芽腫就會遭到破壞而引發結核病。因此，在使用腫瘤壞死因子阻斷劑治療之前，必須先調查患者是否可能感染結核病。

克隆氏症與結核病有著不可思議的關連

話說回來，利用生物資訊學探討克隆氏症與結核病之間的關係時，發現這兩種疾病有著不可思議的關連。

以瘧疾為例，對於瘧疾傳染病具有抗性的基因經由天擇傳承下來，卻成了全身性紅斑狼瘡的風險基因。至於結核病，「容易罹患結核病的基因」，顯然成了「克隆氏症的風險基因」。到底該如何解釋這種情況？

舉例來說，克隆氏症的風險基因中，參與細胞內寄生菌（intracellular bacteria）先天免疫反應的NOD2基因發生了變異。在克隆氏症患者體內發現的變異，會減弱NOD2基因的功能。[4,5]NOD2基因的功能一旦減弱，即表示容易遭到結核桿菌等細胞內寄生菌的感染。尤其是以同型結合（繼承自父母雙方的基因均是NOD2功能減弱的基因）形式繼承了NOD2功能減弱的變異基因，就會造成免疫功能不全而非常容易罹患結核病。此外，若是以異型結合（繼承父母其中一方的NOD2功能減弱基因，另一方則是健康的基因）形式繼承了NOD2變異基因，罹患結核病的機率則是中等。克隆氏症與結核病的關係，似乎藉由平衡選擇，[6]將一定數量的人保持在結核病罹患機率為中等的狀態。[7]

這兩種疾病的關係，恰好與第二章所提到的瘧疾和鐮刀型紅血球疾病的關係頗為相似。若是以同型結合形式繼承鐮刀型紅血球疾病的基因（體內只有鐮刀型紅血球基因），患者會因為貧血而早逝。但是以異型結合形式繼承（父母其中一方具有鐮刀型紅血球基因，另一方則是正常）的話，由於能夠抵抗瘧疾感染，因此在瘧疾流行地區會經由天擇傳承下來。

為什麼會發生這種天擇呢？結核病罹患機率為中等，究竟有什麼好處？想要理解這一點，必須先了解結核病，有些患者會因此死亡，但也有許多患者是不具任何症狀也不具傳染力的潛伏結核感染。換句話說，結核病是一種與人類共存的傳染病。

什麼是結核病？

在發現抗生素之前，一般皆認為結核病是不治之症。吉卜力動畫工作室的電影《風起》，乃是改編自作家堀辰雄的小說，[8] 故事以結核病療養院為背景，因罹患結核病註定紅顏薄命的少女與日後定下婚約的主角，不時吟誦著「風立ちぬ，いざ生きめやも」。這段話是出自保羅・瓦勒里（Paul Valéry）[9]的詩句「Le vent se lève, il faut tenter de vivre」，意思是「起風了，我們必須努力活下去」。不過，「生きめやも」是反語的表現方式，也有「活不下去了吧」的意思。換句話說，致命的結核病為這美麗而短暫的故事增添了色彩。

話雖如此，並不是所有感染結核桿菌的人都會引發結核病。即便感染結核桿菌，只有一成左右的人會出現症狀，大多數情況下，免疫系統會抑制結核桿菌在體內蔓延，使其處於休眠狀態。至於未發病的感染者，巨噬細胞會包圍結核桿菌並困在淋巴結裡，進而形成肉芽腫，將存活的結核桿菌直接封在體內。只有當這些人的免疫力低下時，才會讓結核桿菌逃出去而引發結核病。

潛伏結核感染有什麼好處？

事實上，潛伏結核感染者體內的巨噬細胞更容易分泌ＴＮＦ等發炎性細胞激素。

由於ＴＮＦ等發炎性細胞激素是抵抗各種傳染病的阻抗因子，因此研究認為，這類個體對其他傳染病的抵抗力會更強。

換句話說，感染結核桿菌並以潛伏結核感染的形式將它封在體內，可以增強對其他細菌感染的抗性，在生存上更佔優勢。由於這項好處，研究認為以異型結合形式繼承NOD2功能減弱的變異基因，以至結核病罹患機率為中等的基因型，會經由天擇傳承下來。

先天免疫也有記憶

既然如此，為什麼潛伏結核感染者體內的巨噬細胞會大量分泌TNF等發炎性細胞激素呢？

巨噬細胞屬於先天免疫細胞，一般認為不會記住（稱為免疫記憶）感染過的傳染病；只有T細胞等後天免疫系統才具有免疫記憶的特性。

然而，研究發現，屬於先天免疫系統的巨噬細胞也有一項機制，能夠記住感染過的傳染病，並在下次遭到感染時迅速反應。話雖如此，它並沒有像後天免疫系統那般有一套精密的機制，能夠記住感染過的特定微生物特徵，並且僅針對該微生物產生抗性。巨噬細胞的機制與此相反，只要感染了某一種微生物，就會全面增強人體對其他各種微生物的抗性。

具體的例子為接種結核病疫苗卡介苗（BCG）[10]所產生的反應。也許有人還記得報導指出，日本人罹患新冠肺炎傳染病惡化成重症的機率比歐美人少，正是因為日本人接種了卡介苗。事實上，接種卡介苗不僅能抵抗結核桿菌，也能降低罹患各種肺炎時惡化成重症的風險，所以對新冠肺炎也產生了抗性。

當接種卡介苗或感染結核桿菌時，調控巨噬細胞基因表現的表觀遺傳（epigenetics）[11]會產生變化，下次再遭到其他感染性微生物侵入時，就會分泌更多抵抗感染的TNF等發炎性細胞激素。也就是說，這是藉由感染傳染病，以訓練人體能夠迅速應變其他傳染病。這種機制稱為「訓練免疫」（trained immunity）。[12]研究認為，「接種卡介苗不僅能抵抗結核病，也能增強對於一般傳染病的抵抗力」，原因即在於誘導先天免疫的「訓練免疫」反應。

像鱟這類只具備先天免疫系統的生物，也能在地球上存在數億年之久，或許是因為牠們體內有一項機制，能夠記住感染過的傳染病並且增強抵抗力吧。

農業革命是轉捩點

人類究竟是何時形成過度分泌ＴＮＦ等發炎性細胞激素的體質、以至對結核病具有抗性卻又有罹患克隆氏症的風險？

將從古代人骸骨提取的基因與現代人基因相比，再透過生物資訊學的方式加以整合，即可調查生活在不同時代古代人的免疫細胞功能，彷彿他們仍活在人世。

研究人員運用這種方式比較舊石器時代、中石器時代、新石器時代，以及新石器時代以後各個時代的古代人基因，結果發現，西元前八千年左右的新石器革命（農業革命）為轉捩點，此後人類體內分泌ＴＮＦ等發炎性細胞激素的能力大幅提高。[13]顯示這段時期對基因的天擇作用極強。

農業革命帶來的改變

為什麼農業革命會使基因表現發生改變呢？研究認為，這是因為人類的居住型態從狩獵生活轉變為農耕和畜牧的定居生活，導致感染各種傳染病的風險大為增加。[14]

首先，由於從事農耕生活飼養家畜，因此更容易發生人畜共通傳染病。研究認為，過去引發大規模疫情的病毒感染，幾乎都是源自家畜。例如天花、痲疹、流行性感冒、布氏桿菌病（Brucellosis）、Q熱（Q Fever）等等。天花、牛痘、痲疹與牛瘟，這些都是由家畜引起的疾病。[15]第五章提到了由錐蟲引起的非洲昏睡病，這種寄生蟲本來不會感染人類，但自從開始飼養家畜，便出現了能感染人類的品種。

再者，農業革命導致人口密度日益增加，更容易發生群聚感染。農業革命以前的人類，以不到百人的小團體生活在世界各地。像痲疹這類嚴重傳染病，除非感染者死亡人數達到一定數量，否則不會引發大流行。瘧疾也是自人類誕生以來即存在的疾病，但是研究指出，農業革命以後才出現大規模瘧疾疫情。

由此可知，農業革命的興起，大幅增加了感染各種傳染病的風險。因此，那些罹患結核病導致體內殘留結核桿菌、形成能夠大量分泌發炎性細胞激素體質的人，有可能是在天擇的過程中被選中而存活下來。

歐洲人為什麼能夠征服世界？

十五至十六世紀的大航海時代，歐洲人在世界各地擴張勢力，足跡遍及美洲、非洲、亞洲，並在各個地區開拓殖民地。歷史學家賈德・戴蒙（Jared Diamond）在其著作《槍炮、病菌與鋼鐵》（*Guns, Germs, and Steel*）中指出，歐洲人之所以能征服世界，除了他

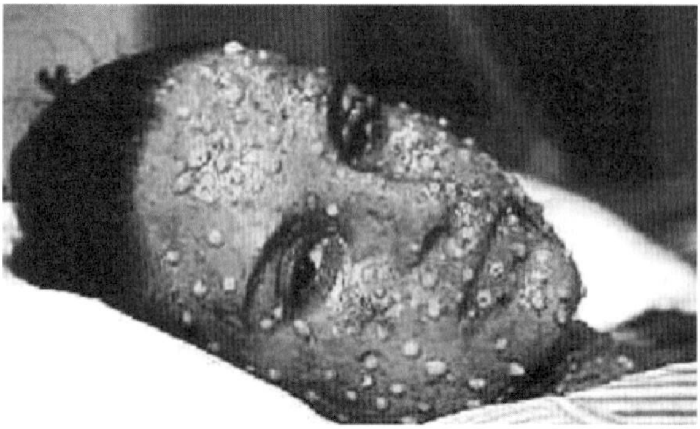

引用自モダンメディア 2009; 55: 11: 283「人類と感染症との闘い」

圖32／天花

們所攜帶的槍炮等近代武器之外，也因為他們很早就開始飼養各種家畜，因而獲得抵抗源自家畜的嚴重病原菌的能力。

科特斯（Hernán Cortés）[16]摧毀阿茲特克古文明、[17]皮薩羅（Francisco Pizarro）[18]征服印加帝國[19]即是其例。科特斯與皮薩羅等人僅以一百多人的軍隊，與當時擁有數萬人民和戰士的阿茲特克帝國及印加帝國對峙。據說迫使兩大帝國人民屈服的並不是槍炮，而是這群西班牙人帶來的天花、痲疹、結核病等傳染病。兩大帝國的人民與科特斯和皮薩羅等人接觸後不久，便爆發了大規模傳染病疫情，導致人口銳減至十分之一左右。這場疫情不僅讓帝國折損戰士，也可能使他們對信仰的神明失去信心，以至戰鬥意志全消。

值得注意的是，科特斯和皮薩羅征服兩大帝國之際，歐洲還沒有發明疫苗。即便沒有疫苗，在當時的歐洲，人們在幼年時感染這些疾病已不足為奇，所以具有免疫力。但是阿茲特克帝國及印加帝國人民從來沒感染過這些傳染病，尤其是身為勞動主力及戰鬥主力的成年人首先被感染，並且惡化成重症，最終導致國家覆滅。

由此可知，當病毒首次傳入某個地區，有可能會發展成足以毀滅國家的嚴重疫情。日本在奈良時代天平九年（西元七三七年）首次遭到天花感染時，便造成當時日本約三成人口（一百萬至一百五十萬人）死亡的大災難。《續日本紀》[20]天平九年是年條中記載：「是年，春，疫瘡大發。初自筑紫來，經夏涉秋。公卿以下天下百姓，相繼沒死，不可勝計。近代以來，未之有也。」當時勢傾朝野的藤原四兄弟也因感染天花而亡。如眾所周知，由於這場史無前例的大瘟疫，聖武天皇希望藉助佛教的力量消弭疫情，於是下詔建造巨大的盧舍那佛。[21]

然而，在江戶時代，天花、水痘、麻疹並稱為兒童必經的「通過儀式病」，因此有「三大傳染病」（お役三病）之稱。兒童若是感染天花，人們就會擺出據說可驅除天花的紙糊人偶「猩猩」（中國虛構的紅髮動物），並且贈送各種慰問品以及分享食物，祈求兒童安然度過疾病。據認為，這是因為天花病毒與人類長期共存後毒性逐漸減弱，再加上人們從經驗中學到，最好在小時候感染以形成免疫力。

即便在現代，來自文明社會的人初次與亞馬遜熱帶雨林過著原始生活的原住民接觸時，也必須格外留意避免傳播傳染病。若是貿然接觸，使得文明社會的隱性感染者將身上的傳染病傳播給他們，整個部族即有可能面臨滅頂之災。

唯獨對結核病有不同的反應

話說回來，以生物資訊學的方式分析提取自古代人骸骨的基因時，也能藉此研究他們的免疫細胞對各種細菌的反應如何隨各個時代而改變。[22]

自從農業革命興起，人類對於瘧疾、愛滋病、病毒性肝炎等各種微生物的免疫反應增強。然而，唯獨結核病例外，即便經過農業革命，人類容易罹患結核病的特性依舊不變。

研究認為，容易罹患結核病是受到誘導「訓練免疫反應」的影響，導致分泌TNF等發炎性細胞激素的能力大為增加，有利於獲得其他傳染病的抗性。

換句話說，農業革命使人類容許自己與結核桿菌這類細胞內寄生菌共存，對於細胞外的細菌傳染病具有抗性的基因則被天擇為有利性狀。而這種體質，在現代有可能面臨克隆氏症的風險。

農業革命帶來的飲食生活改變

農業革命也改變了人類的腸道菌叢。當人類還過著狩獵採集生活時什麼都吃，所以腸道裡定居著形形色色的腸道細菌，以便消化各式各樣的食物。然而，自從步入農耕生活，人類便只吃米或小麥等特定穀物，因此大幅改變腸道菌叢。事實上，研究報告指出，比較現代烏干達境內的狩獵採集民族與農耕民族的腸道細菌時，發現狩獵採集民族的腸道菌叢更具多樣性。

由於飲食不均衡導致腸道細菌的多樣性下降，會使人體內某種致病細菌增加或者共生細菌減少。舉例來說，根據研究報告，飲食偏重肉類及脂肪，會使擬桿菌（*Bacteroides*）等細菌增加；偏重碳水化合物則會使人體普雷沃氏菌等細菌增多。

改變的最終關鍵是什麼？

根據研究，農業革命使人類獲得容易分泌TNF等發炎性細胞激素的體質，但也因此增加了引發克隆氏症等自體免疫疾病的風險。話雖如此，克隆氏症等自體免疫疾病變得常見，未必是農業革命所導致——克隆氏症的患者增多，是在近代發生工業革命之後。自從工業革命興起，克隆氏症在先進國家即以每年百分之四至五的速度暴增，據說目前全球有超過六百萬人罹患某種發炎性腸道疾病。究竟是什麼導致克隆氏症罹患機率如此之高？

根據第二部介紹的「衛生假說」概念，在寄生蟲等各種傳染病仍舊肆虐的時代，幼兒時期感染過各種傳染病，有助於發展出抑制免疫反應過度活躍的機制，避免引起發炎性腸道疾病等自體免疫疾病。工業革命使城市中出現了一批過著「乾淨」生活、完全不必接觸土壤或家畜的人，這可能大大增加罹患自體免疫疾病的機率。

再者，工業革命改變了飲食生活，有可能是造成自體免疫疾病增加的最終關鍵。

由於工業革命帶動了食物供應鏈，人們開始普遍食用富含動物性油脂的漢堡等高脂肪食物。飲食生活的變化，大幅改變了現代人的腸道細菌。

不僅如此，研究指出，高脂肪飲食會使體內形成膽固醇結晶，並向巨噬細胞發出「危險」的訊號，促使大量分泌TNF等發炎性細胞激素。[23]換句話說，飲食本身可能也在免疫系統過度活躍所引起的發炎性腸道疾病上推波助瀾。

由此可知，自農業革命以來，能夠大量分泌TNF等發炎性細胞激素的個體經由天擇而存活，並且獲得抵抗各種傳染病的能力，但也因此面臨罹患克隆氏症等發炎性疾病的潛在風險。

不過，這一點在各種傳染病肆虐的時代並不成問

圖33／智人的生活方式變遷

題，因為免疫系統正忙著對抗傳染病。隨著各種傳染病減少以及飲食生活改變，無用武之地的免疫系統因此變得異常，或許克隆氏症就是免疫系統失控的表現。

克隆氏症與「黑死病」

前面提到了NOD2先天免疫功能減弱的變異基因之所以成為罹患克隆氏症的風險基因，可能是由於結核病的「平衡選擇」。另一方面，也有學者認為是其他傳染病天擇的結果。

當時認為黑死病是「空氣傳播」的疾病，
所以醫師在診治時會穿上特殊的防護服（眾說紛紜）。

圖34／診治黑死病的醫師

ＮＯＤ２功能減弱的變異基因以歐洲人居多，甚少出現在亞洲人及非洲人身上。因此，歐洲人在各個種族中罹患克隆氏症的風險也較高。ＮＯＤ２功能減弱的變異基因以歐洲居多的原因，可能與過去侵襲歐洲的嚴重疫情「黑死病」（pest，即鼠疫）有關。

黑死病是由鼠疫桿菌（plague bacillus）所引起的傳染病，透過黑鼠等齧齒類動物身上的跳蚤傳播給人類。由於這種疾病會出現高燒、淋巴腺發炎及血痰等劇烈症狀，並且造成皮膚發黑等皮膚病變特徵，於是將這種可怕的疾病稱為「黑死病」。這場十四世紀中葉爆發於歐洲的黑死病疫情，導致約三成人口死亡，有可能因此在天擇的過程中產生瓶頸效應。

如今雖然可以用抗生素治療黑死病，但是在抗生素問世之前的時代，黑死病是致死率極高的傳染病。鼠疫桿菌經由血液侵入身體造成淋巴結腫大，稱為腺鼠疫（bubonic plague），死亡率為三成至六成；病菌擴散至肺部導致血痰，則是肺鼠疫（pneumonic plague），二十四小時內病情惡化導致死亡的機率為百分之九十至一百。

我爺爺在二戰前也曾在中國東北滿洲國當醫師，他率先診斷出患者感染肺鼠疫，為防疫有所貢獻。

昭和十五年（一九四〇年）九月下旬，有人請爺爺前往滿洲國首都新京（今長春）看診。患者是衛生技術廠的職員，從前天開始發燒，體溫高達四十度。他的肩膀上下起伏大口呼吸著，爺爺從未見過這等嚴重情況。患者脈搏一百二十，脈象軟弱無力，意識模糊，整個前胸及兩側都聽得到大大小小的濕囉音。[24]當爺爺向患者妻子詢問他在技術廠的職務，得知是製造鼠疫疫苗的研發人員。爺爺頓時想到一事，立刻詢問患者是否有痰，結果在痰盂裡看到許多醃梅子狀的東西，以水攪拌後發現是血痰。爺爺直覺認為是肺鼠疫。

爺爺嚴格要求患者妻子不可以讓任何人進屋，接著立即將痰盂密封並直奔醫學大學附設醫院，交給地下檢驗室的微生物檢驗人員，說道：「我認為是鼠疫，請立刻檢驗。」沒多久便接到報告：「醫生，大事不妙啊，這是鼠疫桿菌，鏡頭下密密麻麻的全是病菌。」爺爺馬上前往地下檢驗室，透過一千二百倍的顯微鏡，看到鼠疫桿菌兩兩相連呈魚鱗狀重疊在一起，確認如檢驗人員所言。爺爺當場打電話向校長報告：「已經確認了，是肺鼠疫。」並請他向民生部（相當於日本現在的厚生勞動省）等部門通報肺鼠疫案例。

前往看診的爺爺及一眾醫護人員，和患者家屬一起安置在傳染病醫院的隔離病房中。不過，由於「疫苗製作不及，只能先注射抗鼠疫血清」，[25]爺爺他們只好先注射衛生技術廠剛研發的抗鼠疫血清。安置的患者在隔天早上病逝，患者的妻子亦高燒超過四十度，三天後撒手人寰。爺爺在隔離後第五天也高燒到三十八度，心想著鼠疫是不治之症，於是寫了遺書給妻子及四歲的長女。他以為自己會長眠不起，沒想到逃過一劫。

次日早上，陽光照進窗戶。爺爺的體溫降至三十七．六度。回過神來，發現注射血清的右大腿內側起了大片紅疹，而且一摸就癢。爺爺不禁鬆了一口氣：

「啊，幸好是血清病。」[26]後來新京市全面實施防疫措施，由軍隊大規模阻斷肺鼠疫發生地區周邊交通，燒毀發生地的房屋，並向各地市民大力宣導滅鼠等措施。多虧爺爺警覺，才能及早防疫。

（參考自橋本元文《滿洲回憶錄》）

利用基因分析技術追溯鼠疫桿菌的來源，發現可溯及二千六百年前的中國。[27]一如中文的鼠疫寫成「癟」，中國自古以來即有以老鼠為媒介的傳染病，並且數度引發大規模感染。而鼠疫傳播至歐洲，可能是由於蒙古帝國侵略歐洲所致。據說約在一三四〇年，蒙古大軍侵略克里米亞之際，曾將鼠疫患者的屍體，用投石機拋入現位於烏克蘭境內的黑海港口城市卡法（Caffa）。[28]這也許是人類史上頭一遭生物恐怖攻擊。對鼠疫缺乏足夠免疫力的歐洲人因此陷入前所未有的長期苦難。[29]

由於NOD2功能減弱的變異基因（除了前述潛伏結核感染者可增強對感染的

抵抗力之外）會降低人體對於各種傳染病的抵抗力，一般來說面對傳染病會處於劣勢。然而，鼠疫桿菌是經由NOD2途徑感染，因此NOD2基因表現低的人可能不太容易感染鼠疫桿菌。在動物實驗中讓小鼠感染鼠疫桿菌的類緣菌時，發現攜帶NOD2缺陷基因的小鼠對於感染具有抗性。

事實上，將歐洲攜帶NOD2變異基因而有罹患克隆氏症風險者的地理分布與鼠疫肆虐的疫區相比，會發現兩者之間明顯重疊。[30]這表示攜帶NOD2功能減弱變異基因的人有可能在鼠疫中倖存，卻因此面臨罹患克隆氏症的風險。

英國與丹麥近年來分析了十四世紀集體墳墓中死於鼠疫的遺骸，發現除了NOD2之外，還找到了與克隆氏症有關的風險基因。[31,32]可見鼠疫確實對歐洲人的基因影響甚巨。

克隆氏症與諾羅病毒

研究認為，在現代經常引發食物中毒的諾羅病毒（norovirus），也有可能與克隆氏症一樣是經由天擇傳承下來的傳染病。克隆氏症的風險基因，除了前面所提到的FUT2變異基因以外，還有FUT2不活化型變異基因。FUT2是腸道上皮的保護因子，缺乏FUT2的實驗動物會因為腸道黏膜發炎而引發克隆氏症。然而，攜帶FUT2不活化型變異基因的人幾乎不會感染諾羅病毒。[33]諾羅病毒利用腸液分泌的血型抗原侵入人體，FUT2則是負責將血型抗原提供給小腸的上皮細胞。而缺乏FUT2的人因為無法提供血型抗原，所以不會遭到諾羅病毒感染。對於無法透過注射點滴治療腹瀉脫水的古代人而言，諾羅病毒引起的腸炎可能是攸關兒童生死的重要因素。因此，FUT2不活化型變異基因是對諾羅病毒產生抗性的天擇結果，在現代即成了可能罹患克隆氏症的風險基因。

由此可知，克隆氏症的風險基因也與第一部中介紹的全身性紅斑狼瘡一樣，都是經由結核病、鼠疫、諾羅病毒等世界各地的各種傳染病引起的複雜天擇過程而傳承至今。

註釋

1 Paula Underwood, *The Walking People: A Native American Oral History*。

2 發炎性腸道疾病：由於自體免疫引起腸道發炎，導致腹部症狀或營養不良等疾病的統稱。典型疾病有克隆氏症與潰瘍性大腸炎。

3 *Nature* 2012; 491: 119。

4 研究認為，ＮＯＤ２功能減弱之所以引發克隆氏症，是由於腸道的免疫功能下降導致腸道菌叢發生變化。

5 *Immunol Rev.* 2014; 260: 249。

6 譯註：balancing selection，天擇的一種形式，傾向保留多種不同的基因型。

7 *Nature* 2012; 491: 119。

8 譯註：原著小說《風立ちぬ》寫於一九三六至一九三八年，為作者的半自傳，描述與染上肺結核的未婚妻矢野綾子在長野縣富士見高原療養所生活的點點滴滴。

9 譯註：法國作家與詩人。法國象徵主義後期詩人的主要代表。

10 卡介苗指的是為了提高對結核病的免疫力，於是提取導致牛隻傳染病、與結核桿菌同樣為抗酸菌的牛結核菌（*Mycobacterium bovis*）成分製成疫苗。

11 表觀遺傳指的是在不改變基因序列的前提之下影響基因表現，常見機制包括ＤＮＡ甲基化（DNA methylation）和組蛋白修飾（histone modifications）。

12 *Science* 2016; 352: 1098aaf。

13 *Elife* 2021; 10: 64971e。

14 *Am J Phys Anthropol* 2013; 152: 135。

15 譯註：引發牛痘的牛痘病毒是天花病毒的近親；牛瘟則是由麻疹病毒所引起。

16 譯註：殖民時代活躍於中南美洲的西班牙殖民者。
17 譯註：位於墨西哥中部的中美洲文明，存在於十四世紀至十六世紀，一五二一年滅亡。
18 譯註：西班牙早期殖民者，開啟了西班牙征服南美洲的時代，也是現代秘魯首都利馬的建立者。
19 譯註：位於南美洲的帝國，存在於十五世紀至十六世紀，一五三三年滅亡，版圖幾乎涵蓋整個南美洲西部，包括現今的秘魯、厄瓜多、哥倫比亞、玻利維亞、智利、阿根廷。
20 譯註：日本平安時代由菅野真道編撰的官方史書，記載文武天皇元年（六九七年）至桓武天皇延曆十年（七九一年）之間的歷史大事。
21 譯註：位於奈良東大寺內，俗稱「奈良大佛」。高約十五公尺，整座佛像包含底部蓮花座高達十八公尺，寬度超過十公尺，為世界最大的青銅佛像。
22 *Elife* 2021; 10: 64971e。
23 *Cell* 2018; 172: 162。
24 濕囉音指的是聽診時從細菌性肺炎患者肺部傳來的呼吸音，吸氣晚期有水泡破裂的聲音。
25 疫苗是將減毒後的病原體注入體內藉此產生抗體，大約需要兩個星期才能形成抗體。血清療法則是從罹患病原菌而康復的動物身上提取血清注入人體。由於血清中含有針對病原菌的抗體，有助於早期治療。新冠肺炎也是如此，在疫苗研發出來之前，有些患者便是接受血清治療而效果顯著。
26 接受血清療法時，出現發燒或注射部位的皮膚發紅、腫脹、溫熱感等情況，有可能是對注射至體內的外來血清蛋白產生免疫反應的延遲性過敏反應。
27 *Nat Genet* 2010; 42: 1140。
28 譯註：今稱為費奧多西亞（Feodosiya）。
29 加藤茂孝《人類と感染症の歴史——未知なる恐怖を超えて》，丸善出版。
30 *J Crohns Colitis* 2019; 13: 1318。

31 *Nature* 2022; 611: 312。

32 研究報告指出，在分析中發現的ERAP2基因變異不僅與克隆氏症有關，也與各種自體免疫疾病有關，包括被認為與克隆氏症具有共同病理特徵的脊椎關節炎（spondyloarthritis）。

33 *PLoS One* 2009; 4: 5593e。

終章　我們的祖先

距今約二十一億年前，真核生物[1]的祖先胞吞噬了變形菌門（Proteobacteria）下的好氧菌（aerobe），變形菌因此在真核細胞內共生，並演化為粒線體。由於粒線體會在細胞裡產生大量能量，使真核生物變得異常強大，成為現在所有多細胞生物的起源。

初期的多細胞生物是類似水螅的腔腸動物，為了消化食物而具有同時是口腔與泄殖腔的囊狀消化腔。後來分化出原口動物與後口動物，皆擁有貫穿身體全長的消化道。原口動物演化成渦蟲（扁形動物）、蚯蚓（環節動物）、烏賊及章魚（軟體動物）、蝦子與螃蟹、昆蟲（節肢動物）；後口動物則演化成文昌魚及海鞘等脊索動物，還有我們脊椎動物。達爾文便是驚嘆於單細胞竟能演化出如此豐富多樣的生物，因而寫下《物種起源》。

自體免疫與過敏疾病的起源

率先蓬勃發展的是原口動物。距今約五億四千萬年前的「寒武紀大爆發」（Cambrian Explosion）時代，節肢動物的祖先奇蝦即是稱霸海洋生態系統的大型捕食者。當時的脊索動物

21億年前	真核生物出現
5億年前	多細胞生物出現
4億年前	脊椎動物產生後天免疫系統……自體免疫疾病的起源
2億年前	哺乳類動物產生IgE免疫系統……過敏疾病的起源
15萬年前	智人出現
1萬年前	農業革命
200年前	工業革命
現在	潔淨社會

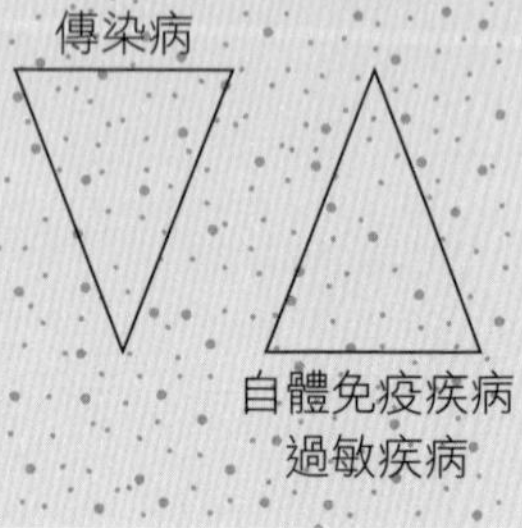

圖35／歷史年表

沒有脊椎與顎部，只能成為被捕食的獵物。

然而，距今約四億年前，當脊索動物的同伴演化成擁有脊椎及顎部的生物（脊椎動物／有頜類），形勢即為之一變。牠們運用脊椎與肌肉使身體活動自如，也開始利用顎部「吃掉」周遭生物。此外，為了避免自己差點被其他生物「吃掉」而受傷，牠們也發展出全新的免疫系統防禦機制。

此時發展出的後天免疫機制，能夠記住入侵的微生物並產生抗體，以防再次遭到侵襲，也就是「自體免疫」的遙遠起源。再者，距今約兩億年前，在爬蟲類動物與節肢動物激烈的生存競爭中苟延殘喘的哺乳類動物，額外獲得了IgE型抗體，這則是「過敏」的起源。

不過，此後兩億年間，並未出現自體免疫與過敏疾病好發於野生脊椎動物的情況，這是距今約兩千年前起才頻繁出現在人類這一物種的疾病。換句話說，從整個生物演化史來看，自體免疫可以說是智人的免疫系統在極為特殊的環境下，像加拉巴哥群島一樣獨立演化而來。

智人的旅程

現代智人在距今約十萬年至五萬年前離開非洲森林，擴散至世界各地。他們在消滅率先離開非洲的尼安德塔人和丹尼索瓦人等早期人屬的同時也與其雜交，因而獲得各種傳染病的抗性基因。

此後數萬年間，智人長期過著狩獵採集生活，直到距今約一萬年前才開始種植穀物及飼養家畜。自從農業革命興起，各種傳染病發生得更加頻繁，每當克服一場疫情，人類就會經由天擇傳承能夠增強免疫系統的基因。這些基因雖然能提高對於傳染病的抗性，卻也會增加罹患自體免疫疾病的風險，不過，這個時代還沒有那麼多自體免疫疾病案例。

但是在距今約兩百年前，隨著工業革命帶來都市化，出現了一批過著「乾淨」生活、不必親自接觸土壤或家畜的人。而這些過著「乾淨」生活的人，也是自體免疫疾病發生機率最高的群體。

也就是說，至少從另一個角度來看自體免疫疾病的成因，可以說是免疫系統為了對抗傳染病而不斷進化，卻在衛生條件良好的環境中失去對手，於是開始失控，將矛頭轉向自己。我們這些「乾淨猴子」的免疫系統，或許就是因為失去了數十萬年來一路陪練的「老朋友」而驚惶失措吧。

後疫情時代與潔淨社會

二〇一九年新冠肺炎大流行引發的社會變革，似乎更進一步推動這一趨勢，包括外出戴口罩與勤洗手，與他人一起用餐時避免人數過多及注意通風，這種新的常態，早已深植我們的生活，並且有可能在新冠肺炎大流行消退後，依然持續很長一段時間。未來的人類，會不會平時就生活在與外界隔離的避難所、外出時一定要戴防毒面具與護目鏡呢？我們正快速邁入無時無刻不要求出示無菌證明或接種疫苗的時代，不僅如此，只要出現一點感染跡象，就有成千上萬隻野生動物或家畜遭到撲殺。如果這樣的時代真的來臨，日後回顧時，或許可以將二〇一九年的新冠肺炎疫情，視為邁向超潔淨社會的歷史轉捩點。

潔淨社會與自體免疫疾病的風險

根據本書提出的觀點，注重乾淨的生活方式可以降低傳染病的風險，但也有可能增加未來罹患自體免疫疾病的機率。

我們體內或多或少都擁有祖先容易活化免疫系統的基因，這些都是他們經歷各種傳染病後大難不死所獲得的。因此，我們幼年時期若是沒有經歷過各種傳染病，藉著適度活化這些基因培養預防機制，當身體在長大之後才接收到「危險」的警訊，免疫系統可能會過度反應而引發自體免疫疾病。

日本國立感染症研究所的「感染症發生動向調查」顯示，自從二〇一九年爆發新冠疫情以來，由於徹底執行防疫措施，使得蘋果病、手足口病、流行性角結膜炎、病毒性腸胃炎等各種最好在小時候就接觸的傳染病發生率銳減。當這群兒童在二、三十年後才感染這些傳染病，情況會是如何？

如果長大成人才感染最好在小時候就接觸的傳染病，病毒性疾病就會顯露猙獰面目，再也不是臉頰紅通通、看起來很可愛的「蘋果病」，或者只是手腳及口腔有水泡的「手足口病」而已，甚至有可能出現心肌炎或神經炎等異常症狀而被診斷為「自體免疫疾病」。

序章所介紹的「自體免疫疾病與全球大流行」不過是虛構故事，但是在全球化導致新型傳染病疫情層出不窮的時代，我們需要重新審視，自己的免疫系統是否變得像亞馬遜原住民一樣缺乏感染經驗而面臨險境。

潔淨社會帶來的「美好」未來

本書從「衛生假說」的觀點，探討了潔淨社會對免疫系統的影響，但也有可能出現相反的情況。如果潔淨社會持續相當長一段時間，自體免疫疾病或過敏疾病可能會因此減少。

截至目前為止，本書說明了成年期首次感染病毒會引起免疫系統過度反應、導致惡化成重症或者面臨自體免疫疾病風險的機制。既然如此，成年後也應該徹底執行防疫措施，最好終其一生都不要接觸病毒。

不過，在這樣的社會中，與他人接觸將會伴隨莫大風險。一旦遇到感染史與自己不同的人，可能就會通報發生了突發傳染病、惡化成重症或是引發自體免疫疾病等案例。如此一來，未來社會中可能在與人初次見面時，就得互相確認登記在資料庫中的病毒感染史。如果真有這麼一天，孩子們在小學的午餐時間笑鬧著「牛奶從鼻孔噴出來」的情景、高中棒球員在球場上揮灑青春汗水的「親密」互動、管弦樂團調音時的嘈雜聲響，這一切都會猶如褪色的過往習俗一樣遭人遺忘，留下來的只有不知污穢為何物的純潔人類。

在這超潔淨社會裡，攜帶強大免疫力而有引發自體免疫疾病與過敏疾病風險基因的人，會經由天擇而淘汰。這樣一來，自體免疫疾病與過敏疾病也許不會再像今日般常見。

然而，適應了這種環境的基因，會使人類特別容易遭受傳染病侵襲，病毒一旦突破重重防線而引發全球大流行，人類可能就會遭到大自然的嚴重反噬。

避免引發「自體免疫」的方法

在這充斥各種細菌與病毒的世界裡，如何保持適度平衡，才能避免感染嚴重傳染病或者引發自體免疫疾病呢？

根據本書所介紹的衛生假說觀點，關鍵即在於「幼年時期」。在幼年時期接觸各種微生物，能夠讓免疫系統學習應對各種傳染病，同時培養防止免疫系統過度反應的機制。

小時候雖然被綠鼻涕或夏季感冒折騰得難受不已，但這段過程是為了讓免疫系統學習如何面對微生物。這段幼年時期即是防止免疫系統失控的「機會之窗」。

最後，我想根據本書介紹的「免疫學」概念，為各位提供現在就能降低自體免疫疾病風險的幾項建議。

什麼樣的人需要注意？

如果有自體免疫疾病家族病史，須留意罹患自體免疫疾病的風險。不過，沒有病史的人也不可輕忽，就算父母沒有症狀，也有可能繼承了他們的自體免疫基因，若是剛好繼承了多種風險基因，就有可能引發自體免疫疾病。換句話說，即使有人看起來沒有任何發病誘因，依然有可能突然引發自體免疫疾病

骯髒不是壞事

想要預防自體免疫疾病，最重要是幼年時期的環境。不過，幼年時期遭到感染也有可能惡化成重症，或者埋下日後罹患自體免疫疾病的隱憂，因此需要格外謹慎；但一般來說，最好能讓孩子接觸各種傳染病。從免疫學的觀點來看，最理想的情況是將孩子送到能讓他們在大自然中盡情玩耍的托兒所或幼稚園；如果不需要使用抗生素，便盡量不要用；小孩子流綠鼻涕，就當作他體內的免疫系統在學著面對各種細菌；如

果有小孩子得了蘋果病，不妨讓自己的孩子也被傳染，總比長大後才感染更危險；在從前成員都住在一起的大家庭中，就是經歷各種傳染病的絕佳機會。如今的時代或許很難做到，但平時可以多與親戚小孩或祖父母聚在一起；養寵物會使孩子接觸更多樣的細菌；暑假不妨帶孩子去農園或牧場體驗自然環境；此外，也要帶孩子上山下海接觸真正的大自然，讓他們盡情玩得一身泥；即使受點擦傷或刮傷也無妨，最好讓他們多接受刺激。趁孩子的免疫系統還年輕、仍具有可塑性的時期，盡量讓他們多累積各種體驗，這就是「免疫學」所建議的豐富生活。遺憾的是，自從爆發新冠肺炎疫情，想讓孩子過這樣的生活已不容易，但如果有機會，還是要盡力安排。

注意腸道細菌

如果你的孩子已滿五歲，請多注意他的菌叢，尤其是對人體免疫系統影響最大的腸道細菌，我們必須思考如何與它們共存。研究發現，長大之後對腸道菌叢影響甚巨的是飲食生活。西式飲食或許發在Instagram比較上相，但可能會增加自體免疫疾病的風險。我們體內定居著長期由日本風土滋養且是日本獨有的腸道細菌，[2]絕非數十年時間即可改變。不妨效法近代江戶時期的日本飲食生活，試著改變自己的飲食習慣，生魚片一定要吃。[3]也務必要吃納豆和醃菜、味噌湯等發酵食品，發酵食品含有豐富微生物，能幫助腸道細菌恢復多樣性。隨著農業革命興起，各地也產生了具有當地特色的發酵食品，這或許是人類試圖在單調的飲食生活中恢復腸道細菌多樣性的智慧結晶吧。植物性的膳食纖維同樣能有效預防自體免疫疾病，不過，不可以偏重攝取膳食纖維，最重要的是腸道細菌的多樣性，腸道內擁有各種細菌，才能防止某種特定細菌佔優勢而侵入人體。不妨以適合我們身體的江戶時代飲食為基礎，偶爾挑戰一下過去不喜歡吃或者沒吃過的食物，也可以與其他家庭交換食譜，讓自己的飲食生活更豐富多采。

現代生活與壓力

壓力問題也不容小覷。現代社會愈趨複雜，各種壓力隨之而來。若是能夠克服壓力，反倒能增加自信心，讓自己勇於邁向下一步。但是，不可以累積過多壓力。曝露在電腦藍光下不眠不休地追趕工作進度，顯然與我們人類數萬年來的生活方式截然不同。我們有時應該借鑑從前人類的生活，努力讓自己擺脫令人不適的壓力。

不要讓自己承受猶如我們祖先當年即將「被吃掉」時所感受到的壓力，因為隨著演化出「顎」而發展出來的後天免疫系統，可能會誤以為遇到緊急情況而失調。

希望閱讀本書之後，能為大家帶來內心的平靜。

註釋

1 譯註：eukaryote，具有細胞核的單細胞和多細胞生物的總稱，包括所有動物、植物、真菌和其它擁有由生物膜包裹著的胞器和複雜亞細胞結構的原生生物。

2 舉例來說，據研究報告指出，能夠消化海藻的腸道細菌，只有平時有吃海苔的日本人才有。

3 接受高強度免疫抑制劑來治療自體免疫疾病的患者，生食可能會引起病毒性腸胃炎，須特別留意。

後記

受到新冠肺炎疫情影響，「免疫」一詞對現代人而言已是耳熟能詳。不過，「免疫」一詞的正確意義究竟是什麼？還有，為什麼本應保護自己的免疫系統，有時候會攻擊自己的身體？這很難解釋，我認為沒有人能真正理解。從醫二十年來，我在治療自體免疫疾病患者的同時，也投入免疫學的基礎研究，所以我想寫一本淺顯易懂的書，期盼一般大眾也能理解這些問題。因此，我在新冠肺炎疫情期間寫了這本書。

剛開始寫時，我的重點放在如何從醫學的觀點正確解釋「免疫」機制。但是在書寫的過程中，我發覺單憑醫學的觀點，無法充分解釋「為什麼會發生自體免疫疾病」，於是自此偏離主題，內容不斷擴展，從薩丁尼亞島的歷史與文化、冰人的基因訊息、斑馬的黑白斑紋之謎，到加拉巴哥群島的生態系統。此時正好出現新冠肺炎的相關新聞，為本書提供了最適切的題材。電視新聞等媒體在新冠疫情期間報導的尼安德塔人、蝙蝠、BCG等話題，實際上囊括了最先端的免疫學知識，包括與早期智人的基因流動、干擾素、訓練免疫等等。

事實上，蒐集本書寫作資料的過程中，有些題材內容也是我不曾接觸過的，著實令人嘖嘖稱奇。為了掌握這些在我專業範疇以外的知識，我也閱讀了許多論文與書籍，力求敘述正確無誤。不過，對各領域的專家而言，其中難免有些微疏漏。在此懇請諸位專家以「夜話」的角度看待這本概述免疫系統進化過程的書籍。

寫這本書，對我來說也是一趟回顧過往的旅程。書寫的過程中，點點滴滴的回憶浮現腦海，例如當初嚮往研究調節性T細胞而主動加入坂口志文博士的研究團隊、在臨床現場面對形形色色的病患，甚至還想起了小時候在父母及爺爺奶奶腿上蹦蹦跳跳的情景。我也重讀了爺爺留下來的書籍，切身感受到爺爺親身經歷致命傳染病鼠疫時油然而生的使命感與恐懼。如今寫完這本書，我再次驚嘆地發現，每個人及每個生命，包括我自己的家人在內，都有一個他們如何在所處的環境中延續生命的故事，這些故事若是稍有偏差，現在的世界也將不復存在。

本書對於傳染病的相關敘述，感謝大阪公立大學病毒學家城戶康年教授指導；遺傳學的相關敘述，感謝京都大學基因體研究中心岩崎毅博士指導。此外，本書執筆之際，經由爺爺介紹，有幸結識作家春名徹先生（曾為著書而採訪爺爺的入江曜子女士的先生）而獲得寶貴建議，[1]特此感謝。在這段寫作歷程中，我深覺自己何其幸運，得以找到最適合的出版社，出版這本融合科學與人文的書籍。在此由衷感謝充分理解我所思所感並且負責本書編輯的晶文社安藤聰先生；感謝文平銀座的寄藤文平先生與垣內晴小姐為本書設計完美契合書籍主題的裝幀內容；感謝繪製部分插圖的齊藤風結小姐與前田隆宏先生。在此也非常感謝大阪公立大學膠原病內科學的醫護人員在我平時診療期間鼎力相助，以及為本書提供寶貴建議的山本涉先生及ANSWER-C.C.全體人員。

最後向全力支持我迎接新挑戰的妻子獻上誠摯謝意，也深深感謝父母傾注無盡的愛養育我。本書得以付梓，由衷感謝各方支持與協助。

橋本求

註釋

1 入江曜子《貴妃は毒殺されたか——皇帝溥儀と関東軍参謀吉岡の謎》，新潮社。

Inside design & Illustrations by Bunpei YORIFUJI & Haru KAKIUCHI (BUNPEI GINZA)

科普漫遊 FQ1091

免疫學夜話

身體為什麼會自我攻擊？從基因、環境和演化，漫談人類免疫學與自體免疫疾病能教會我們的事

遺伝子が語る免疫学夜話
自己を攻撃する体はなぜ生まれたか？

作　　者　橋本 求
譯　　者　莊雅琇
責任編輯　黃家鴻
封面設計　萬亞雰
行　　銷　陳彩玉、林詩玟
業　　務　李再星、李振東、林佩瑜

發 行 人　何飛鵬
事業群總經理　謝至平
編輯總監　劉麗真
出　　版　臉譜出版
台北市南港區昆陽街16號4樓
電話：886-2-25000888 傳真：886-2-25001951
發　　行　英屬蓋曼群島商家庭傳媒股份有限公司城邦分公司
台北市南港區昆陽街16號8樓
客服專線：02-25007718；02-25007719
24小時傳真專線：02-25001990；02-25001991
服務時間：週一至週五上午09:30-12:00；下午13:30-17:00
劃撥帳號：19863813 戶名：書虫股份有限公司
讀者服務信箱：service@readingclub.com.tw
城邦網址：http://www.cite.com.tw
香港發行所　城邦（香港）出版集團有限公司
香港九龍土瓜灣土瓜灣道86號順聯工業大廈6樓A室
電話：852-25086231　傳真：852-25789337
電子信箱：hkcite@biznetvigator.com
新馬發行所　城邦（馬新）出版集團
Cite（M）Sdn. Bhd.（458372U）
41, Jalan Radin Anum, Bandar Baru Seri Petaling,
57000 Kuala Lumpur, Malaysia.
電話：+6(03)-90563833　傳真：+6(03)-90576622
電子信箱：services@cite.my

一版一刷　2025年7月

城邦讀書花園
www.cite.com.tw

ISBN 978-626-315-640-1（紙本書）
ISBN 978-626-315-644-9（EPUB）

售價：NT$ 420
（本書如有缺頁、破損、倒裝，請寄回更換）

國家圖書館出版品預行編目資料

免疫學夜話：身體為什麼會自我攻擊？從基因、環境和演化，漫談人類免疫學與自體免疫疾病能教會我們的事／橋本求著；莊雅琇譯. -- 一版. -- 臺北市：臉譜出版，城邦文化事業股份有限公司出版：英屬蓋曼群島商家庭傳媒股份有限公司城邦分公司發行，2025.07
面：　公分. --（科普漫遊；FQ1091）

譯自：遺伝子が語る免疫学夜話：自己を攻撃する体はなぜ生まれたか？

ISBN 978-626-315-640-1（平裝）

1.CST：免疫學　2.CST：自體免疫性疾病

369.85　　114004070